U0070097

……SH懂你也讓你讀得懂……

安心裝修 健康宅

除了風格、收納，你更應該在意的是「健康」

目錄 contents

第一章：夏降溫

夏天，是全家人最害怕來臨的季節！
最常見炎熱居家問題破解 好涼爽的抗暑裝修術

第二章：秋抗敏

秋天，可以和鼻塞、流鼻水說bye bye嗎？
擊倒居家過敏原，讓全家人放心呼吸的抗敏裝修術

目錄
contents

第三章：春放鬆

慢宅篇

春天，就該慢下步調、享受生活！
增強家人親密感、消除緊張
平衡自律神經與抗老化的慢宅裝修術

實際應用

住宅知識王

浴室篇

春天，好想睡在浴室裡！
浴室對了，精神就爽快的身心靈療癒裝修術

實際應用

選購

住宅知識王

居家空間示範

第四章：冬保暖

冬天，擁抱暖暖溫度最幸福！
從木地板到地毯的選購搭配裝修術

實際應用

居家空間示範

第五章：環保建材挑選指南

第六章：居家無毒清潔術

我每天許3個願望・・・

不要懷疑，
當室內燈光暗下來之後，
天花板及壁面卻能呈現3D的立體感，
讓妳想置身於浩瀚星空中或汪洋大海裡，
都不再是天方夜譚。

當您關燈時，大片星河進入眼簾

白天看不見，完全不受干擾您原有的住家設計

STAR ART

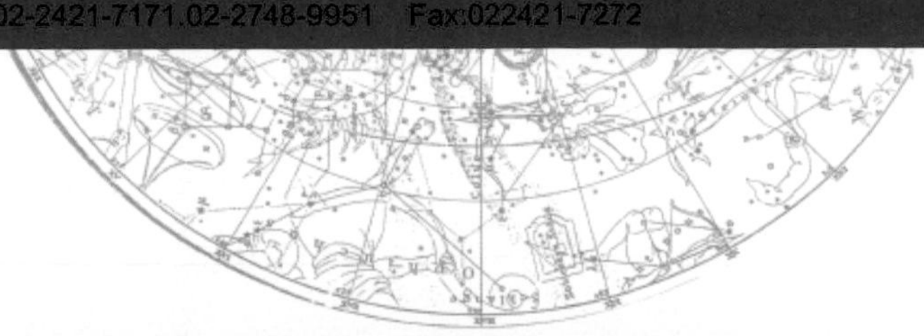

第一本徹底破解台灣溼熱氣候的 **健康裝修工具書**

在台灣夏季悶熱、冬季潮濕，海島型氣候總是令人昏沉沉的焦躁易怒？
不健康的裝潢，導致塵塵蟎和諸多過敏原產生，壓力、文明病應運而生，
你的「健康」問題原來出在「家」！

打拼買豪宅，不如用心打造「健康」宅

找出問題，選對建材、用對方法，
就能改善居住品質，享受慢活人生，讓全家人越住越青春，
第一本以季節為主軸，為全家人規劃，
讓「家」&「人」都能更健康的「安心裝修書」。

本書使用方法：

第一部份

不用拜託設計師，破解8個方向的住家現象→鄰居家貼再近也不怕的9個關鍵體質

＋

紙上診斷>教你自己就能診斷家的天然體質。

困擾你家的西曬熱、吹南風返潮、冬天房子冷、牆面潮濕、煮飯油煙不散、寶寶有過敏體質、夏天熱到在家中暑、灰塵掃不完、窗戶漏風、家人關係緊張，十大根本原因要從客廳位置8個座向來查看。

獨創格局規劃術>格局安排新觀念，風的動向決定空間的動線

讓你在購屋前就可以簡單學，已經買房子的人，也可以用的簡單策略，即使是一台電風扇，用對位置效果更勝除濕機。

碰到不能改窗戶的建築物，我們還要教你一套格局全新邏輯，丟掉客廳、餐廳、廚房、書房、臥室的老動線思考，改用風的動向來規劃，客廳在上風處、廚房在下風處，就能完成冬暖夏涼的好住家。

生活小常識>解決三種常見格局的室內風向流動

走道在中間：炒菜時要關上和廚房同一邊的房間門窗，油煙就會很快遠離。

大門開在房子中間：只需要加一個抽風扇，完全不用拆除牆面。

無走道，餐廳位置正中央：會碰到房間與浴室或廚房的門口相對，只要修改一個房門位置，就可以解除氣流太強的問題。

第二部分

潮濕悶熱的海島型氣候我不怕→符合「春夏秋冬」最佳居家裝修解決方案

錯誤觀念>討人厭的西曬客廳，只能狂開冷氣降溫？
錯誤觀念>眼睛總是癢、又愛打噴嚏，只能常跑醫院吃藥？
錯誤觀念>家裡的隔間越方正越好，才能幫助通風？
家裡又濕又熱、小孩總是莫名其妙過敏、開了空氣清淨機還是打噴嚏…總總家人的健康問題，原來都能透過「健康裝修法」來解決，惱人的各種居家狀況，這裡都有快速見效的設計祕訣。
本書出動50位室內設計師與醫師，以簡單的概念清楚解說，教你最多樣、最特殊的解決方法。

夏降溫：灑水法、夾層法、複層玻璃法、高低窗換氣法、抽風換氣法…等等
秋抗敏：珪藻土、F1板材、全熱交換機、植生牆、飲用水除氯…等等
春放鬆：低矮窗檯、隱形收納、回字格局、室內造景、中庭天井…等等
冬保暖：軟木地板、復古磚、木紋磚、造型地毯…等等

第三部分

39種裝修建材推薦好安心→讓您輕鬆入住無毒健康宅

你應該知道>板材驚見甲醛超標18倍、不合格率15%！
看到這樣的新聞您是不是也覺得心驚驚？不知道每天身處的環境是否安全呢？

日新月異的科技，同時帶動裝修房子週邊建材的快速發展，不僅讓低甲醛不再是口號，還有產品能調濕或分解有毒物質，不但是建材力求環保綠化，連製作工法都有新看法與堅持。
本書收錄市場上關於環保、耐磨、淨味、抗菌、低逸散、綠建材認證、除甲醛等關鍵字之建材選購指南，讓全家人住得更安全也安心。

改房子前就要知道 9個健康住宅的關鍵體質

每個早晨與夜晚，我們總在「家」甦醒與入夢，這個承載著無數個生活起點與終點的循環者，其實也是建立生活者與環境互動的平台，透過各種引光、調影、御風、降噪的技術，讓生活變得健康而美好，每天都由生活得到療癒與動力。為了掌握住宅物理的「光」與「風」這兩項重要的條件，建築師蔡達寬建議消費者在購屋及規劃時應該如何留意及因應，深入淺出地分享對於通風採光環境營造技巧。

採訪｜詹蕙真　插畫｜陳彥伶　資料提供｜蔡達寬建築師事務所

專家檔案　蔡達寬
現任蔡達寬建築師事務所　主持建築師
成功大學建築研究所畢業
作品曾獲國科會、農委會優良建築獎
經歷內政部營建署陽明山國家公園管理處技士
聯合大學建築系講師、新竹市政府社區規畫師

PART 1.

如果不想花動格局的錢，買屋前就要留意的建築物理環境

關鍵1　住宅區勝商業區

許多建商都會建議消費者購買位於商業區或住商混合區的住宅，以使不動產的保值性更高。然而真正關鍵在於建蔽率與容積率，同樣的土地價值可能因為位於不同區位而導致開發強度各異，造就不同的生活品質–以商業區而言，由於土地可做高強度開發，建築高、戶數多，以求高經濟效益，採光和通風的自然生活品質也較差。

此外，由於商業區可使用高額容積，使建商可合法蓋出棟距極近的設計，若做為商業使用時，因多採中央空調、較少開窗，對於使用者影響較小；然而對住宅生活者而言，都市居住環境本因大樓林立導致微氣候不佳，對於生活隱私、物理環境而言都是實質造成難以改變的永久性影響。

關鍵2 座北朝南為上選

從日照角度而言，因太陽運行角度與高度每天均有變化，座北朝南的住宅可享有較長的平均日照時間，次之則為朝東南或西南向。台灣由於先天地理所致，春夏季盛行西南風、秋冬季盛行東北風，將客廳配置於南方有利於空氣循環，容易引入大面積採光，相對也較不易發生室內潮濕、異味等狀況，對健康是比較優質的環境。

但是，這項原則並非適用於各種基地條件，都市中的道路與建築座向對應、郊區中的山陰、山陽坡，甚至建築物本身的設計形式，例如立面進深過深而造成進光不易等等，即使天生座向體質良好，卻因各種外部因素影響，使建築物理環境不如預期出色。以南北向道路建案為例，建築為東西向排列，AB兩戶住宅即享有較佳先天物理環境，其次為同樣毗鄰道路之GH兩戶，再者為CD、EF。儘管CDEF四戶同樣看似可能同樣面臨棟距較近或無其他景觀優勢的條件限制，就要挑選物理環境較穩定的EF建案。

南北向道路

東

A棟 B棟

C棟 D棟

E棟 F棟

G棟 H棟

西

南北向道路

結論：AB棟和CD棟最優，其次是EF棟，CD棟條件最不理想

關鍵3 看屋時，留意室內格局安排

為了使室內空氣通暢對流，開放性的公共空間宜配置於主要通風路徑，最好的是公共空間宜南北。以實際的內部空間來舉例，客廳建議配置於上風處、廚房配置於下風處為宜，使日照及進出風得以擁有好品質，並可避免髒污空氣進入室內。座北朝南的住家擁有落地窗的客廳宜面朝南方為佳，光源可直入室內，且無直接面對強烈季風直撲之虞，對健康及室內環境均能有較佳的效果。

第二個要注意的就是其他空間的位置，臥室亦建議以配置於南、北兩側以享有較穩定日照環境，尤其孩童房作息主要以白天為主，南側房間的高採光除了可達到節能效益外，也可避免室內潮濕陰暗造成容易過敏、生病體質。而次要空間如倉庫、書房浴室等則於確認主要公共空間配置及浴室配置後，以北側為優先，向其他方位延伸配置。如果是需要高採光、高通風的空間可配置於東南或西南側，亦為保持較佳室內物理環境的設計方式。

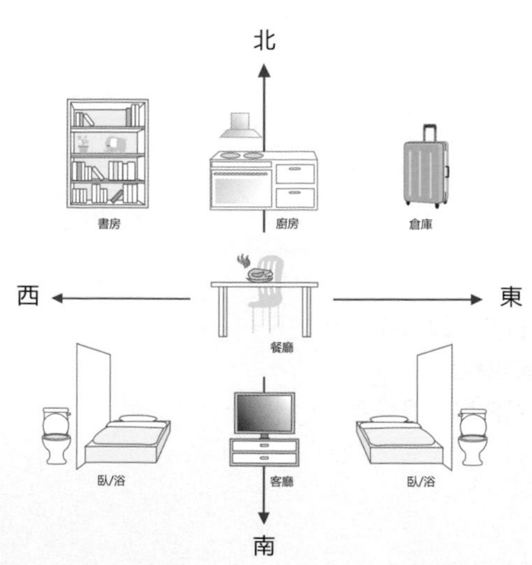

結論：安排順序(1)客廳和廚房(2)臥室(3)浴室(4)書房倉庫或其他空間

開窗不一定就有好通風與好採光

關鍵4 室內換氣營造乾燥環境

想有好空氣或避免因室內外溫差大造成反潮現象，除了自然換氣的住宅環境外，適度安排強制換氣的模式也是營造健康生活的推手。

空間的基本換氣模式，大致可分為透過門、窗等開口部所進行的空氣對流的「自然換氣」，以及設置機具輔助進行的「強制換氣」兩種，後者主要做為強化室內空氣循環、化解密室空氣不佳的通風模式。為了使住家的空氣循環處在最佳狀態，局部搭配機械設備，雖然會增加室內裝修開支，卻能有助於保持空氣流通，有效提升生活品質，營造乾燥健康的環境。

◎自然進氣、機械排氣：適用於先天物理環境較佳的住家。

通風流暢的環境下，固然多以開口部自然循環，僅搭配抽油煙機、風扇、空氣循環機等基本設備補強排氣即可，仍建議在廚房設置可調整進出風的通風百葉門，除了可控制進出風外，也能避免室外不良空氣進入室內。

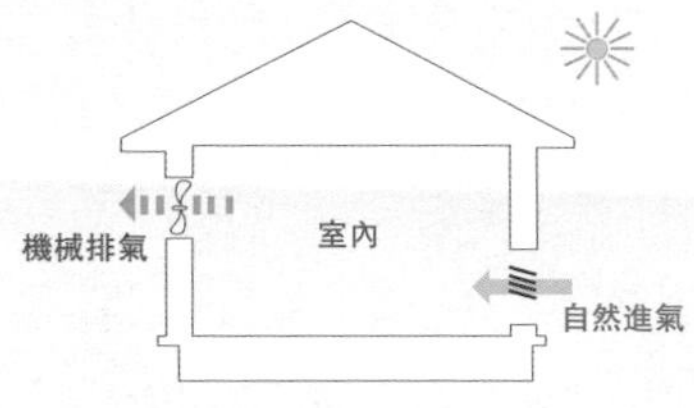

避免室外不良空氣跑進家來

◎機械進氣、機械排氣：適用於講求空氣品質、穩定溫度的住家。

全面機械換氣模式雖然前期採購全熱交換器等設備支出成本較高，卻能營造空氣循環安定，氣流控制穩定、空氣品質較佳的居住環境，避免因大量開啟門窗造成的室內落塵，也可關窗阻絕外部噪音、確保生活隱私，使住家環境常保舒適。

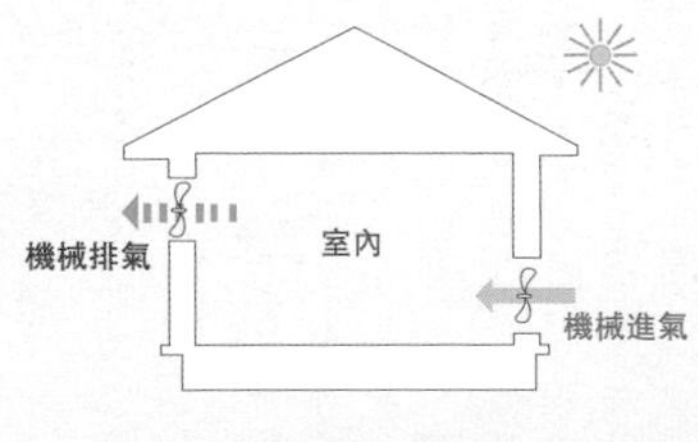

減少戶外灰塵進來

◎機械進氣、自然排氣：適用於物理環境欠佳、門窗開口部、座向不良的住家。

藉由強制引入南或北側外部新鮮空氣的方式，為室內帶來良好的空氣品質、提升空氣循環，可搭配於各空間設置進氣口、減少實體隔間，更能有效透過室內進氣達到無氣味的健康環境。

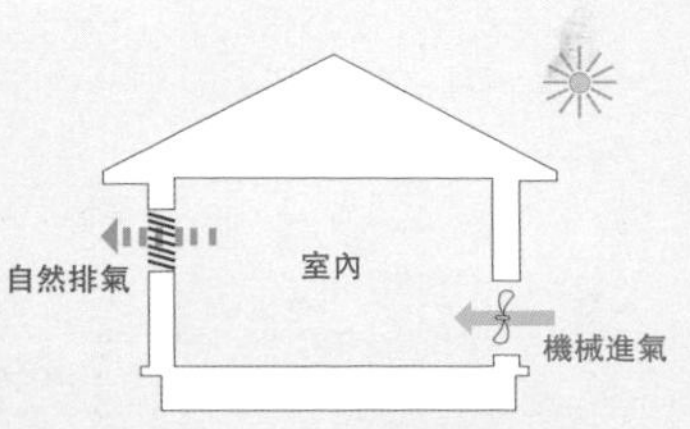

減少固定牆面，讓風有自己的通道

關鍵5 開窗不足有對策

由於現代建築多為一層多戶，自然難如透天厝、傳統建築享有優渥通風採光條件，若為三面開窗的建築物，建議挑選西向不開窗者為佳；兩面開窗建築則建議以南北向開窗優先、東西向開窗次之；實因南北向光源及進出風條件較穩定，後天調整容易、物理環境較佳。

消費者常有「開窗就有新鮮空氣」的迷思。開窗，固然可以使空氣流通，卻未必可塑造引起、對流的物理環境，尤其若僅透過單側開窗，等於沒有空氣對流的具體效果，所以建議大家注意開口部是否為相對兩側配置，並以南向進風、北向出風方向為佳，讓室內空氣得以營造出良好的對流環境。縱使使用機械進行強制換氣，在台灣的氣候環境中，夏秋兩季都是不需要使用冷氣及暖氣的氣候，是最適合使用機械換氣的季節。倘若居住在僅有兩側或單側開口部的住宅，建議採取機械進氣或全面機械進排氣，搭配空調設備、溫濕調控系統及通風百葉、可調式閘門等設備補強採光，減低住宅先天座向或後天開口部不足的限制。此外，毗鄰臨棟建築、室外騎樓或他人廚房...等等產生污氣的環境，可於進排氣裝置外側加裝閥門控制開關，除了能夠阻絕污氣導入室內之外，也能避免飛禽不小心飛入通氣孔內而造成使用者清理困擾。

關鍵6 室內隔間宜彈性

為了滿足於居住使用機能需求，室內隔間有時難免難以簡化，空間飽和的狀態也容易造成室內氣流不流暢、開窗未必能對流的環境，這時若能打掉一面牆、創造彈性隔間，就能以變更最低、花費最少的幅度，大大解決室內物理環境不良的處境。

以一般常見住家格局而言，客廳通往餐廳、餐廳通往廚房、客廳通往書房的三道牆，都是控制開口部引光、風入室的主要軸線，若可適度開放改變空間尺度或強化通風環境，並搭配前進後出的空氣對流模式，便能夠保持室內空氣的循環狀態。

例如，藉由書房改為玻璃折門、活動牆面的設計，可自然強化通風環境，若配合各空間天花板裝設出氣口將室內空氣抽出外送、開口部安裝高窗，還能有效淨化污濁空氣，使各房間的氣流保持空氣循環狀態，就算冬天將局部門窗緊閉也不致使室內氧氣無法排出。若為低樓層且毗鄰道路、噪音源的外牆或隔音牆的住家，則建議衡量是否開設，以免影響降噪效果。

關鍵7 空間氣味別擔心

開放式的空間設計，成功使室內環境通風採光品質大幅提昇，並達到降低密室及大量人造光源的使用，可說是締造空間設計智慧與建築物理對話的設計手法。然而，開放式空間相對帶來的氣味干擾，尤其廚房的空氣及油煙問題卻是在處理通風環節時，必須面對的課題。

在實質廚房烹飪環境的規劃動線上，建議將客廳、餐廳、輕食區（吧檯區）、烹飪區一字排開，將需爐火調理的烹飪設備配置於空間末端，廚房通往陽台通道使用可調整百葉的門片，爐台上方使用抽油煙機抽出，並配合開啟客廳門窗，以使廚房油煙與空氣不逆流進入室內。同側的其他空間也應關閉門窗，以避免排出的空氣再度進入室內。

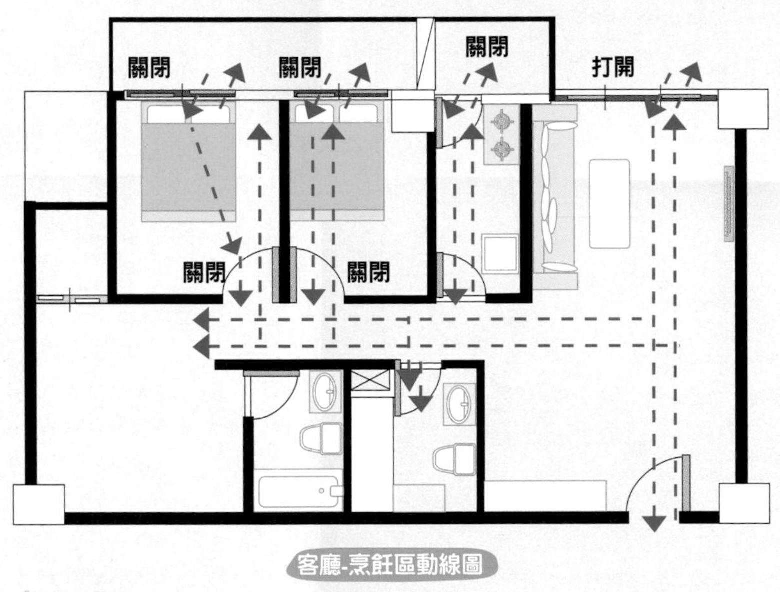

客廳-烹飪區動線圖

關鍵8 風扇＋空氣對流除濕能力比除濕機強

一般常見產生氣味及採光較差的空間，莫過於地下室、浴室及倉庫。要提升這些空間的空氣品質，不妨善用機械設備，將室內空氣以機械方式抽出，再配合自然進氣的循環造成空氣對流，效果比全天候開著除濕機淨化空氣來得顯著有效。

關鍵9 調整進光量

住家若是屋簷很深的建築，一般開口部多可透過安裝活動百葉、遮陽板調整進光，掌握南北向開口部設置水平遮陽板、東西向開口部設置垂直或懸吊式遮陽板，便可由外部的活動式遮陽板直接過濾陽光而不遮蔽視線。

春秋兩季由於無須開啟冷氣及暖氣，是最適合運用換氣的季節，僅需以自然換氣及機械換氣便可提供舒適的室內空氣，在對應於日照環境時，最經濟的方法是運用室內活動百葉或窗簾改善日照環境，若主要開窗面向北側，雙層窗更可提供穩定的保暖品質。如果大樓可以改善窗戶，氣窗的設計不只是控制進出風量的合宜對策，使室內保有開口部的採光而無須將開口部全部關閉。在家具格局上，則建議將長型家具多採取貼牆配置的形式，使室內的採光及通風路徑更加順暢，可順利帶動空氣對流。

住宅知識王

客廳座向	房間安排	開窗面	分數	解決辦法
朝北	部分臥室在南向	兩邊	10	雙層玻璃窗保暖 南向安排抽風扇等機械換氣。 水平遮陽板
朝北		三邊	20	水平遮陽板 雙層玻璃窗保暖 朝北臥室在牆壁裝上隔熱板保溫
朝東	部分臥室在北向	兩邊	30	機械換氣使室內保持乾燥 懸吊遮陽板 搭配遮光布或防紫外線窗簾
朝東		三邊	40	懸吊遮陽板 搭配遮光布或防紫外線窗簾
朝西		兩邊	50	百葉窗調整日光進量 機械換氣使室內保持乾燥 懸吊遮陽板
朝西			60	懸吊遮陽板 百葉窗調節下午進光
朝西南		兩邊	70	百葉窗調節下午進光 搭配遮光布或防紫外線窗簾
朝西南	部分臥室在南向	三邊	75	調節下午進光 百葉窗搭配遮光布或防紫外線窗簾
朝東南		兩邊	80	機械換氣使室內保持乾燥
朝東南	部分臥室在南向	三邊	85	以百葉窗調節上午進光量
朝南	浴室或一間房間沒採光	兩邊	90	臥室安排在東南或西南亦可。 機械換氣使室內保持乾燥 水平遮陽板
朝南	臥室都在南向	三邊	100	不必動格局 水平遮陽板

修改出舒適的家：診斷實例篇

要如何打造出一個舒適的家？即使你目前預算不足，只能做小規模的修改，建議要將經費花在格局修改，有時只要改變一道牆，就能獲得冬暖夏涼、春秋好空氣的家。我們以台灣最常見的3種格局，搭配4種座向與季風路徑，讓您輕鬆就能診斷出居家的天然體質。

格局 A

走道位在房子中央（單面採光）

住家格局受限於先天單側採光的影響，雖然格局方正卻有一半以上的空間處於暗房狀態，且內部通風條件欠佳。

改善方案：

1. 簡化不必要之生活空間，以複合使用形式擴增空間機能外，並將公共空間及主要生活空間配置於採光向，並配合設計手法整合易形成暗角的走道空間。

2. 亦由於本案平面僅單側開窗，室內氣流對流不易，建議本案採取全面機械換氣模式，以改善室內空氣品質。

路徑說明：藍色=夏天 紅色=冬天

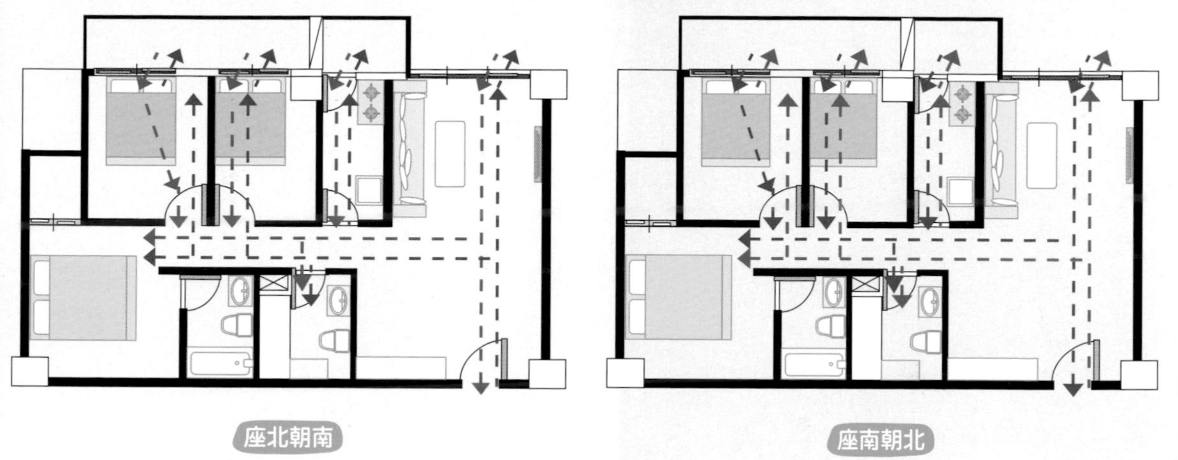

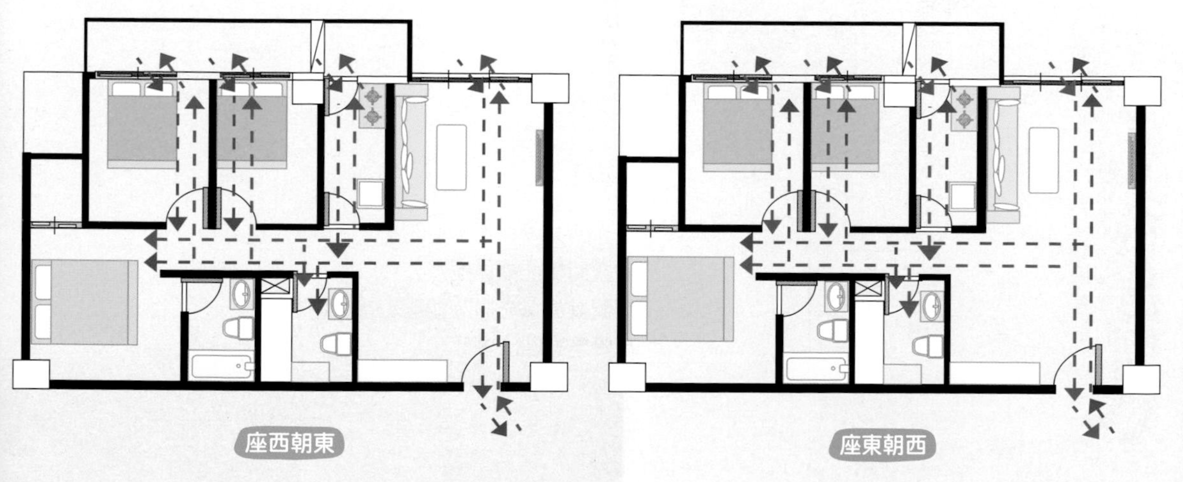

格局 B

大門開在客廳和餐廳之間，(三面採光)

本案擁有三向採光的先天優勢，通風採光條件優渥，雖因開口部較多導致冬天可能較為潮濕，各季的通風及採光均有均質穩定的表現。

改善方案：

1. 由於本案多側均設有開口部，室內氣流對流尚稱順暢，建議可視需求安裝局部機械換氣強化即可。
2. 本身牆面需要拆除的情況不多。

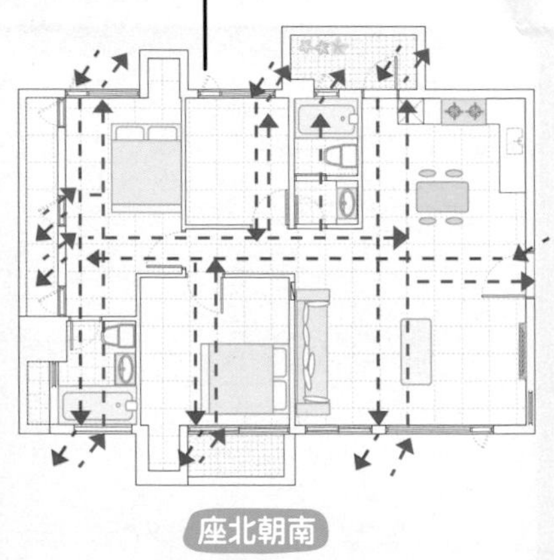

座北朝南

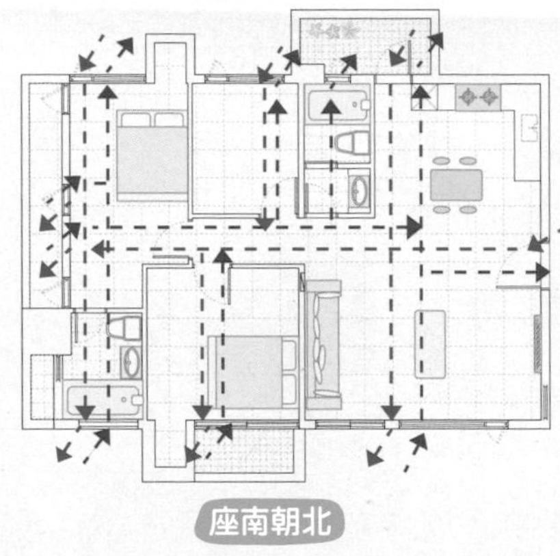

座南朝北

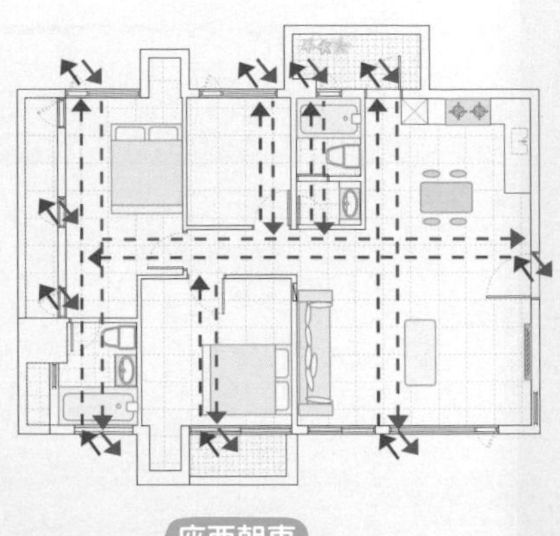

座西朝東

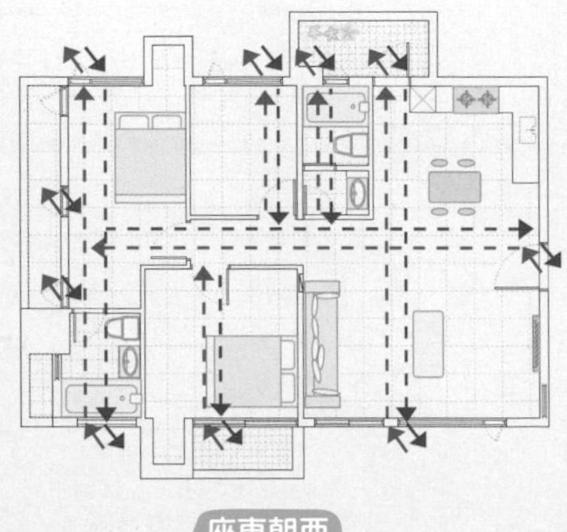

座東朝西

格局 C

餐廳位在中間、無走道（兩面採光）

由於本案主臥室正對廚房，且廚房通道直接面對主臥室。

改善方案：

1. 不妨調整主臥室、浴室、廚房三者之房間門開口的對應關係，以化解特定空間氣流較強的狀態。

2. 由於有兩側以上開口部，若以座向及開口部對應關係而言，南北向建築可保持春夏涼爽、冬季乾燥。

3. 若同樣的格局、方向卻是東西向，就會有春夏炎熱、秋冬略偏冷的狀態，一旦冬天關起窗戶，容易造成室內氣流對流不易，建議本案採取局部機械換氣模式，以改善秋冬季的濕冷狀態。

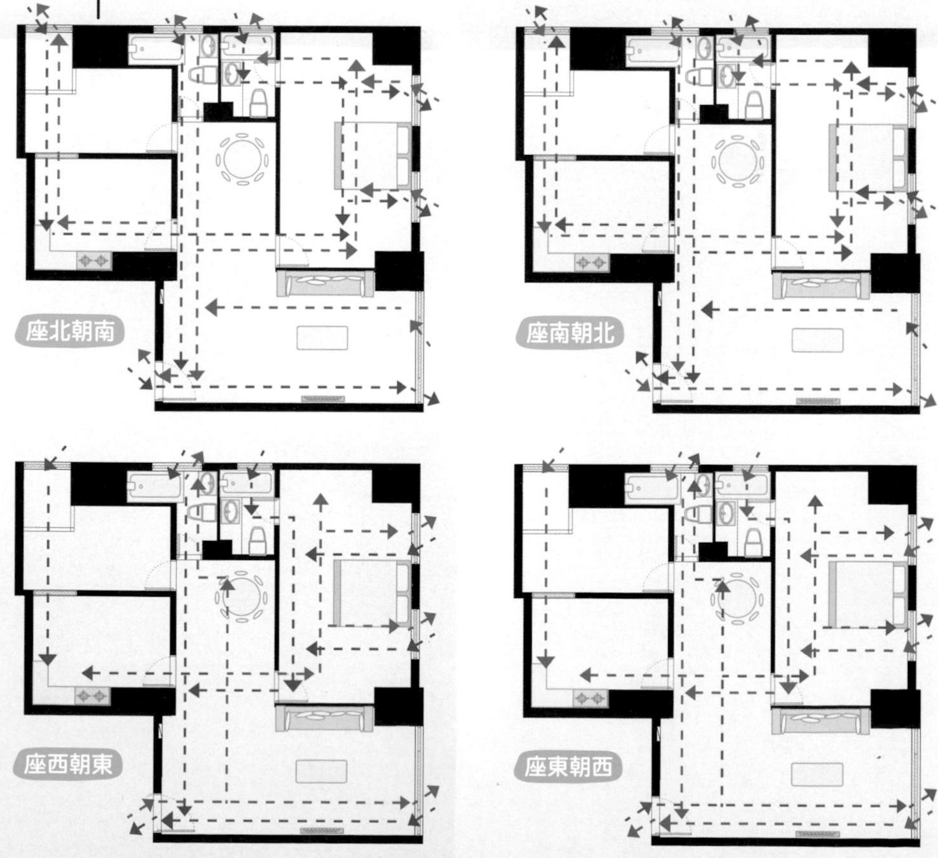

夏天，是全家人最害怕來臨的季節！

最常見炎熱居家問題破解　好涼爽的抗暑裝修術

第一章 夏降溫

1 方法篇

降溫4℃ 顏色法＋遮光窗簾法＋表材法
降溫9℃ 高低窗換氣法＋抽風抗壓換氣法＋氣流循環法
降溫7℃ 灑水法＋夾層法＋複層玻璃法
降溫5℃ 內外隔熱板法＋植生牆法

2 實際應用篇

遮光窗簾＋表材法 與西曬抗衡的大絕招
氣流循環法 利用動線享受舒適自然風
複層玻璃＋隔熱貼紙法 鐵皮屋瞬間化身北歐森林
植生牆法 拋開冷氣廢氣走進森林深呼吸

3 我家就是涼爽宅

光合作用＋清水模建築 與樹同住
網棚＋泥土＋實木 就地取材的自然屋

4 住宅知識王・自然住宅篇

避開冬天的太陽 迎向夏天的太陽才是上策！
讓房子跟著時令走 打造冬暖夏涼的季節感建築

5 居家空間示範篇

居家擁有陽光、空氣、水 四季都是好時節
三角基地化為綠意莊園 玻璃天井製造涼爽氛圍

高溫38度的豔夏，造成居家炎熱的原因百百種，常見的頂樓過熱、鐵皮加蓋、西曬問題或是都市大樓林立造成的鄰棟過近導致的熱輻射，都是讓我們在家必須大開冷氣享涼爽的原因，以下完整歸納出四種最實際的炎熱原因，循著原因找出解決方法，減少機械製造涼風損耗的電量，不用再為了抵抗38度炎熱，老是跑到書店窩一整天吹冷氣了！

西曬問題　一到下午就要躲去有冷氣的書店

蓋房子之初，已經無法依循建築原理尋找最合適的建造面向，即使是開窗、採光良好的空間，遇上了西曬問題，還是不免為下午逐漸增溫的室內環境而困擾，長時間的陽光照射免不了帶來炎熱的問題…

解決方法：顏色法＋遮光窗簾法＋表材法

炎熱指數 70%

通風不良　空氣不流通的悶熱三溫暖

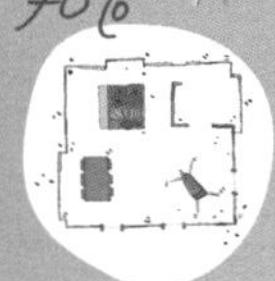

或許受到基地限制、開窗不良、或是動線設計不佳的影響，已經很難有機會將通風設計考量進室內設計中，所以我們在室內所感受的都是機器運轉製造的空調，從窗戶流入的自然風成為我們不斷追求的城市中的奢侈品…

解決方法：高低窗換氣法＋抽風抗壓換氣法＋氣流循環法

炎熱指數 100%

頂樓與鐵皮加蓋　全家人住在烤箱裡

為了爭取住宅空間，許多老屋向上爭取鐵皮加蓋空間，只是不適當的材質，讓家裡簡直就像烤箱一樣不斷增溫，被烤曬燙熱的鐵皮屋頂甚至能煎荷包蛋了！室內也只能不斷靠開冷氣來降溫…

解決方法：灑水法＋夾層法＋複層玻璃法

炎熱指數 80%

鄰棟過近　隔壁的空調廢氣能熱死人

在狹小都市的有限的空間內，我們爭地建房，樓越來越高也越蓋越近，尤其是社區大樓往往鄰近不到50公分的距離，一開窗就可以跟隔壁鄰居噓寒問暖，只是這樣的狀況，也讓冷氣產生的熱能在樓房與樓房間停滯不走…

解決方法：內外隔熱板法＋植生牆法

圖片提供｜玉馬門創意設計

降溫4℃ 視覺、觸覺的感官欺騙術

顏色法＋遮光窗簾法＋表材法

即使有開窗、採光良好的空間，一旦遇上了西曬問題，還是不免為下午逐漸增溫的室內環境而困擾，長時間的陽光照射免不了帶來炎熱的問題，當然還是可以利用所有隔熱和降溫的原則，達到降低溫度的效果，或是利用一些簡單的小技巧，欺騙我們的感官，也能達到體感上降溫的目的。

降溫 4°C

遮光窗簾法

三明治遮光簾 降低光感、熱度

做法：將窗簾更換為有85%遮光率的三明治遮光簾。

原則：如果用半遮光或窗紗，阻擋不了光線的直接進入，換用遮光率高的遮光簾，能有效阻擋光的進入，降低正在使用中的冷氣功率，也達到降溫效果。

降溫 3°C

表材法

比熱比較低 石材散熱的效果快

做法：利用比熱低的表材，如磁磚、石材等取代木頭等材質。

原則：傳導熱的快慢，視每種材質的比熱決定，而平時我們觸覺上感覺涼爽的材質，如石材瓷磚等，會快速帶來清涼感，以此欺騙我們的觸覺，達到降溫的目的。

顏色法

選用清涼冷色調 用視覺欺騙大腦

做法：使用藍色、綠色或灰色，利用視覺的力量傳達給大腦涼爽的感覺。

原則：暖色調如紅色和橘色等，有刺激食慾激勵人心的效果，而隸屬冷色調的顏色，則能冷靜頭腦，在空間上黃色和紅色總是被用來溫暖空間氛圍，而藍色等色彩就有降低視覺溫度的效果。

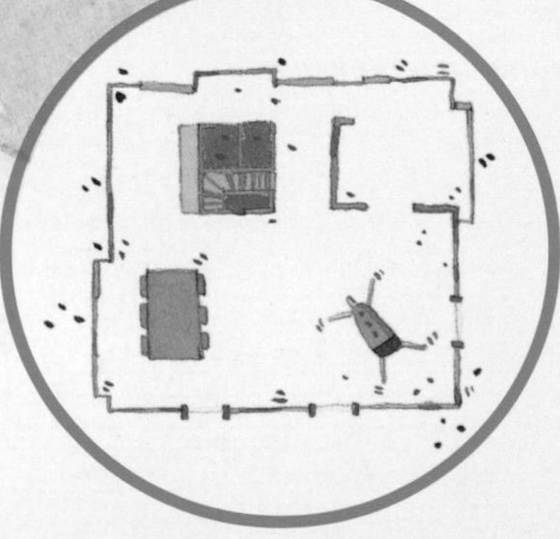

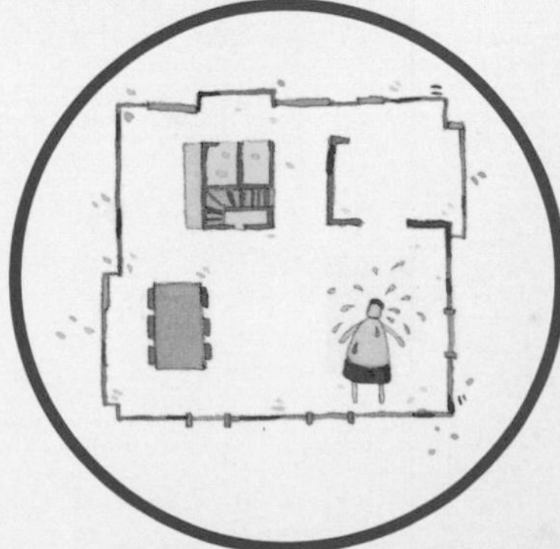

降溫9℃ 別再住三溫暖烤箱

高低窗換氣法＋抽風換氣法＋氣流循環法

礙於基地位置或室內隔間限制，已經很難有機會將通風設計考量進室內設計中，所以我們在室內所感受的都是機器運轉製造的空調，從窗戶流入的自然風成為我們不斷追求的城市中的奢侈品，通風影響著氣流、輻射和濕度，成為降溫設計最重要的一環。

氣流循環法

考量空間動線 從室內設計改善通風方式

做法：住宅的室內動線，應依循風的流動方式，否則牆的存在會阻擋風的循環。

原則：動線的通暢影響到人的活動方式，所以我們說生活的便利可從動線的好壞探知，氣流的流通就跟人的移動式相同的。舉例來說，長型的空間確定氣流流入的方向後，使用折疊門，讓全室可有獨立空間、也可暢通開放。

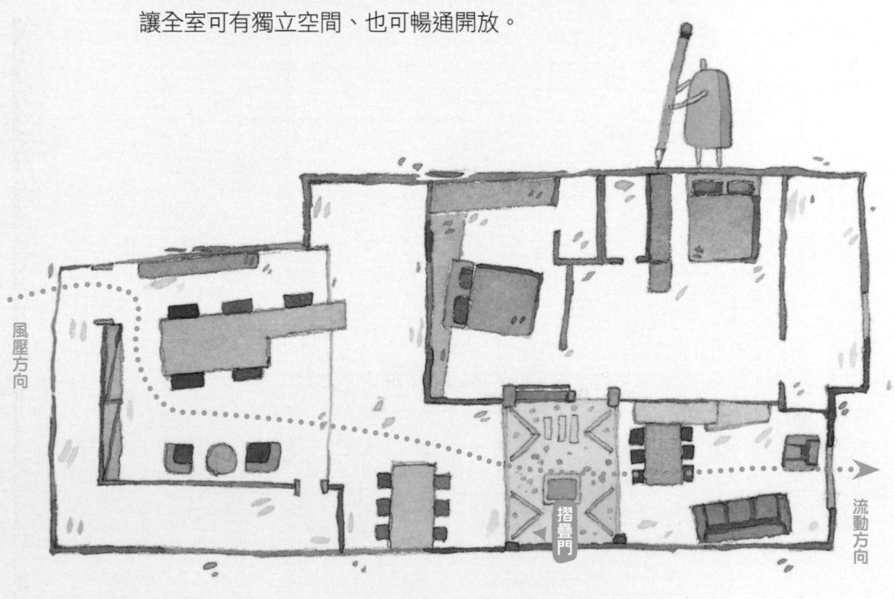

高低窗換氣法

通風原理 冷空氣下降熱空氣上升

做法：開窗方式有很多種，最好是同時有位於高處、低處以及正常高度的窗戶。

原則：冷空氣下降、熱空氣上升的原理，讓對的空氣從窗口進入室內，冷空氣進入室內轉換為較熱的空氣後，便可由高處的窗戶排出。(住宅通風應以夏季為考量，因為冬天會將窗戶緊閉，冷空氣並不會進來，夏日才會大量開窗。)

抽風換氣法

風有正負極 不能決定基地位置以人工搞定

做法：利用抽風方式改善無法換氣的問題。

原則：風壓因應地理環境也有正負極之分，建築物在對的位置，負極的風無法流進室內，是因為我們現在蓋房子的方式很少考量到地理環境，有可能因此造成窗戶開的很多卻無風進入，依然悶熱的可能性，藉由機器抽風的方式可改善這一點。

降溫7℃ 不流汗的頂樓與加蓋

灑水法＋夾層法＋複層玻璃法

地狹人稠，頂樓加蓋已是台灣家庭在城市中爭取生活空間的普遍現象，但因鐵皮的材質讓室內就像烤箱一樣，既快速加溫又悶熱，在炎炎夏季不靠冷氣電扇的幫忙，人跟屋子都只能一起流汗，但利用以下三種手法，輕鬆讓你家的鐵皮屋揮別溫室的陰影，瞬間降溫7℃。

夾層法

降溫5℃

隔絕熱空氣 減緩對流緩降溫

做法：利用木絲水泥板等隔熱材，夾於屋頂和天花之中，隔熱材的厚度、或是密閉的空氣層達到隔熱效果。

原則：30cm以上的長纖維木絲與水泥均勻融合高壓成形的板材，就是所謂的木絲水泥板，具有優良的吸音、隔熱功能，利用兩層木絲水泥板，中間空下一層空間，做為空氣層的夾層，更能防止熱對流。

Notice!

使用夾層法後，避免將冷氣用吊隱式的形式設置，因為冷氣的熱能會在夾層裡留通，增加熱空氣的產生，不論對冷氣或降溫效能都是事倍功半。

隔熱前

隔熱後

換個方式做！

隔熱貼紙，是個可以自己動手也不需大工程的替換方式，使用於玻璃材質，不影響天井效果，但效果比複層玻璃法略差。

複層玻璃法

科技玻璃材 減緩熱移動的速度

做法：使用一種複層玻璃的材質(low e)，降低熱對流，同時引入天光。

原則：熱能透過玻璃後，會因為紅外線帶來熱感，在室內產生溫室效應，但如果是透過複層玻璃，紅外線便會被阻隔在兩層玻璃中間，利用「空氣」的力量，減低熱移動的速度，降低熱能對流，夏隔熱、冬保暖。

灑水法

降溫 7°C

連空氣一起降溫 屋頂由外而內清涼

做法：在屋頂上加裝灑水裝置，需有逆滲透過濾處理，因為水霧的分子很小，一點點雜物就會堵塞管線。

原則：藉由定時灑水，從屋頂到四周的空氣都一起隨之降溫，從根本的空氣開始冷卻，減低熱循環，效果很好。

降溫5℃ 揮別鄰棟過近的冷氣廢氣

內外隔熱板法＋植生牆法

擁擠狹小的都市，我們把大樓蓋的越來越密集，有時與隔壁大樓甚至只有伸手可及的距離，除了造成空氣難以流通的問題，冷氣所排出的熱輻射，更是造成炎熱的主要原因，無法改善居住地點無所謂，簡單的加工法讓綠意滿室、達到降溫的需求。

Notice!

施作時要注意防水布和防水木板的設置，並記得定期澆水或善用定時灑水裝置，如果植生牆在室內，一天需有8小時充足的光照。

植生牆法

綠意滿室 光合作用改善炎熱環境

做法：在外牆或室內設置植生牆，利用天然植物達到增加光合作用的目的。

原則：精選17種室內外皆合適的植物，可交錯排列成任何喜歡的樣貌，利用植物美觀、吸甲醛和排放天然氧的特性，達到空氣濾清和降溫的目的，室內外皆可使用。

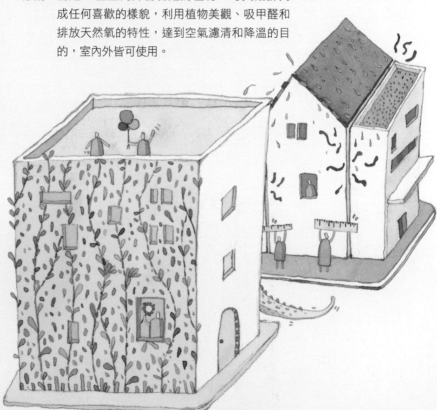

內外隔熱板法

混凝土與隔熱板結合 1+1>2的良方

做法： 加裝內或外隔熱板，是預防混凝土加溫的解決良方。

原則： 鋼筋混凝土建築還是需要隔熱的，雖然有說法是增加混凝土的厚度就有隔熱效果，但為了更科學的隔熱方法，在裡面或外層增設隔熱板還是很健全的配套。

內外隔熱比一比

內隔熱： 因為內隔熱材沿著建築表面貼覆，室內較多樑柱或高差，這時就會出現空隙導致熱移動。

外隔熱： 外隔熱材必須保護免受風雨的侵襲，避免潮濕的狀況。

實際應用篇 1

遮光窗簾+表材法這樣用

圖片提供｜禾築國際設計

由小而大徹底降溫 與西曬抗衡的大絕招

特殊的格局動線，配合屋主的需求習慣因應而生，起居室與客廳結合，打破一般格局中對電視主牆面的想像，反而將電視懸掛於偏邊處、更為每位家庭成員增設獨立衛浴，在茶玻璃、清玻璃、鏡面和薄黑天然板岩的交錯中，奠定沉穩的空間特質，用材質和色彩給予涼爽的溫柔氣質。另從小地方表露對環境的重視，像是遮光窗簾、省能源的LED燈、可回收材質的系統櫃或是自然感強烈的水泥墩，同時讓後陽台跟窗戶的氣流流通保持順暢，使用石材地磚，確實為空間整體降溫，滿足屋主的生活機能，也達到節能減碳的綠住宅條件。

流汗原因：牆面表材

板岩

瞬間的清涼感，達到欺騙感官的目的，利用板岩的觸感和中性色調，降低整體空間色溫，而石材比木頭體感溫度較低，也是帶來涼爽感的原因。

窗戶整合

流汗原因：開窗不良

大面開窗設計有利通風，採光、通風良好讓空間解除悶熱的煙囪效應，達到涼爽的目的，只是陽光帶入的熱感，還是需要遮光窗簾的降溫。

降溫 3°C

LED光源

流汗原因：燈光設計

用LED光源取代鹵素燈，讓燈源產生的熱度瞬時降低，加上LED燈源環保節能的特性，在環保目的上也非常有幫助。

遮光簾法

流汗原因：大面開窗

大面開窗引入好採光，是所有室內空間一直努力試圖達到的目的，在窗簾的設計上以窗紗加上遮光簾，符合實用美觀的原則，只要遮擋85%的光線，便能達到降溫的目的，同時提高冷氣的冷房功率。

實際應用篇 2

氣流循環法這樣用

圖片提供｜尤噠唯建築師事務所

不拆牆的挑戰 利用動線享受舒適自然風

所謂無樑板指的是房子內外沒有任何樑柱支撐，純粹用RC牆作為結構的房子，因此不得拆除任一牆面，原本的三房兩廳成為最大的限制和挑戰，還好位於民生社居的老公寓，客廳外就是視野極佳的綠蔭，因此拆除過度分割的落地窗、簡化為對開兩大面，順利引入窗外的綠意，並用一支旋轉電視柱，讓架高的發呆亭和客廳均有機能性，開拓了客廳的嶄新尺度。而進入主臥房的動線規劃，僅沿用一堵牆象徵性區隔主臥房、書房和更衣室的空間，動線順暢之餘，也留給氣流循環更多空間，並讓地坪材料延續至主臥房，整室風格統一，展開自在舒適的生活空間。

氣流循環法

流汗原因：無法拆牆

位於民生社居的老公寓，客廳外就是視野極佳的綠蔭風景，整合外牆零碎的小窗成為大面開窗，加上陽台外推，讓綠意入室，感受自然清涼的氣流循環。

氣流循環法

流汗原因：不動隔間

雖是利用原本剩下的牆面，但這堵被刷上赭紅色加上H型鋼格柵的牆面，讓動線更為活潑，成為自然流動的格局，而氣流一樣跟隨人的移動路徑，如此動線讓氣流的流通更順暢。

室內氣流循環圖

最理想的情況，空氣流通跟隨人移動的腳步，牆面少，氣的流通自然順暢，主臥室的推門加上H型屏風，到客廳的大面開窗，每個空間的氣流都能有進有出，通風良好便達到夏季的降溫效果。

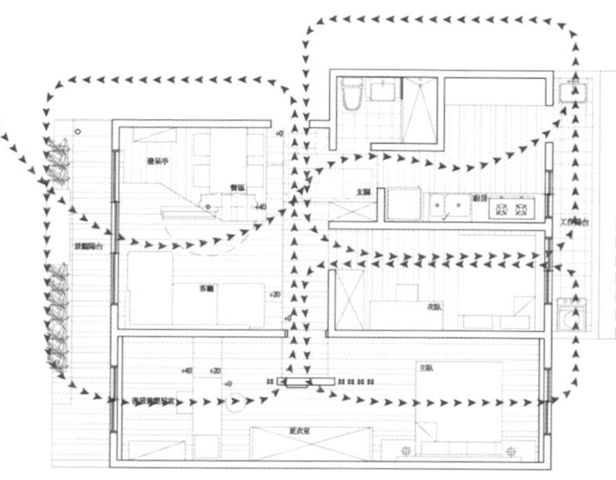

流汗原因：開窗不良

落地窗整合

不得拆除的無樑板房屋，拓寬加大原有落地窗，引入窗外的好景觀之餘，更藉由大面開窗讓通風循環順暢，一舉兩得。

實際應用篇 3

複層玻璃+隔熱貼紙法這樣用

圖片提供｜玉馬門創意設計

引入採光還能降溫 鐵皮屋瞬間化身北歐森林

卸下37年老屋的鐵皮屋頂，在探量過屋況後，赫然發現竟有挑高四米的高度，設計師以此優點為發想，改二樓為開放式公共空間，將鐵皮屋頂切開兩道天窗引光入室，讓天井帶來的好採光，分享在公共區域中，一樓部分則為書房、主臥室，連帶調整了鋼骨結構的鏤空樓梯踏面，讓天井落下的光線，能穿梭在室內所有的地方。

在格局上，設計師略做微調，將部分陽台外推規劃為入門玄關，一部分則向內退縮成半戶陽台空間，搭配綠意和桌椅，成為北歐風格的小型休息地，同時延伸為公共空間的景致，連主臥和書房空間，同樣留有光合作用的小陽台，增加氣流的暢通，也保有綠意美景，讓整體空間洋溢著舒適的北歐氛圍。

隔熱貼紙

流汗原因：天井開窗

利用卸下的鐵皮屋的挑高空間，使天井的加入毫不突兀，但怕日照帶來的炎熱度會令冷氣費用急速上升，故使用了隔熱貼紙，隔絕紅外線和紫外線的傷害，在家裡也不需要講究地使用防曬油了。

通風長型結構

流汗原因：內推陽台

化缺點為優點，在看到挑高四米的空間後，設計師將此做為公共空間，讓主人能宴請親朋好友，分享好設計，並拿掉隔間，串連公共空間，達到通風良好的目的，使室內換氣速度快，達到涼爽的目的。

複層玻璃

流汗原因：天井開窗

除了隔熱貼紙，在根本的材料上使用複層玻璃(low e)的科技玻璃，阻擋紅外線熱能的進入，但不影響玻璃的透光度，很適合用在需要以玻璃為建材的空間，是達到降溫的最佳方法之一。

夾層法

流汗原因：斜面屋頂

雖然頂樓以斜面的蓋屋法，已經比平面的屋頂達到降溫效果，但因為鐵皮屋的材質很容易悶熱，多加一層隔熱木絲水泥板，可達到隔熱的效果，其厚度略增30公分，對屋頂高度影響不大。

實際應用篇 4 植生牆法這樣用

圖片提供｜台灣綠建築科技

光合作用吸收二氧化碳 拋開冷氣走進森林深呼吸

情境智慧宅已經越來越普遍，最新的U-home科技更以完善規劃整棟大樓為主軸，能在一個操作面板上自在操控住家的所有一切，包括情境光源、窗簾開闔、音效控制，甚至到安全監控或快遞洗衣，重點是住宅的建材以光觸媒外牆為主，盡可能使用不需維修的環保材，降低生物循環的成本，為了落實環保跟節約能源，在家中安裝感應器隨時掌握每個房間的使用動態，也達到實踐綠住宅的根本。

尤其植生牆的設計採用科技酒渣為培育材，不會招惹蚊蟲、不怕冷氣，很適合室內空間，以最自然而然的形式，為室內降溫、空氣濾清並獲得天然氧，除了使用在室內，室外空間也很適合利用植生牆淨化空氣，如果有鄰棟過近導致熱輻射的問題，將植生牆移至外牆，對淨化空氣阻擋熱對流也有幫助。

植生牆

流汗原因：與鄰棟過近

在房間內設置植生牆，藉由植物的換氣讓室內空氣更清新，很適合使用在有抽煙習慣的屋主家，同時藉由轉換二氧化碳排出天然氧的特性，為室內空間達到有效的降溫作用。

流汗原因：表材使用不當

光觸媒建材

在U-home科技監控室內能源的狀況下，房屋的外材也盡量以光觸媒或其他環保材的素材為主，除了降低生物循環成本，建材也有隔熱的功能，達到降溫不浪費能源的需求。

植生牆大解密

應用在室內的植生牆，經由研發測試一共有17種植物不怕冷氣生存韌性強，如黃金葛、園葉椒草等，用酒渣代替土攘，不會有蟲害，也讓植物生長更良好。

施工重點

1.植生牆高60公分、寬90公分、深18公分，可先預留要加裝的空間。

2.注意防水木板和防水布的打底以防漏水。

※定制，一次供水直接連結與直排水型。也可安裝水箱循環設備。

我家就是涼爽宅 1

光合作用+清水模建築

與樹同住 光合作用降溫最拿手

花了三年的時間，自己監工設計，攝影師阿利終於在宜蘭完成屬於自己的豪宅，以不破壞生態的願景，用清水模打造外觀，並和試圖引入自然，透過室內的良好動線達到通風的目的，引入充足的採光與風，甚至在室內也能與樹共棲，成為涼爽宅的最佳提案。

採訪協力／35 Ali

建材篇 厚實清水模牆面隔熱 磨石子地板涼爽最合適夏天

清水模的建築因為建造費工，加上沒有粉刷的牆面較不被屋主們接受，在台灣市場上屬於小眾的建築工法，但其一體成形的特色，堪稱施工複雜度極高的工法，而其比一般磚牆和RC牆面厚實的特性，讓建築物的隔熱效果較好；台灣傳統常見的磨石子地板，因為石頭的比熱比較低，散熱的效果快，所以當我們在室內踩在磨石子地面時總是感到涼爽無比！

清水模免粉刷 減少二氧化碳和隔熱效果

清水模牆面以夾板製作，免粉刷的特性在施作時達到減少二氧化碳的產生，而厚度厚於一般磚牆和RC牆面，使建築物達到良好的隔熱效果。

凸窗檯面通風良好

清水模以兩個長方形交錯的型態，在空間中形成多處檯面，以適度的開窗方式，引入通風，通風良好自然就減低冷氣的使用率，以自然的方式達到降溫目的。

磨石子地板散熱效果快 涼爽透心底

雖然現在大多用石英磚等石材取代小時侯常見的磨石子地面，但磨石子地板耐操好用，加上比熱較低的物理原理，使之散熱效果好，踩在上面也感覺涼快舒適。

通風篇

綠葉成蔭的光合作用法

植物生長不可或缺的三元素「陽光、空氣、水」，要在室內種樹，勢必要製造跟室外一樣的成長條件，才能讓植物不致凋零，阿利家的樹位於地下室，從搬進來兩年間，只以人工的方式餵給水源，三棵位於室內樹卻是枝葉越來越茂密，除了大量陽光可灑入的採光罩，空氣流通的幫助也很大，有了陽光、空氣和水，這樣自然的場域，也實際達到降溫效果。

光合作用不可少 引入陽光採光罩

植物生長不可缺少的元素便是陽光，在設定好植物的位置後，不怕浪費空間，阿利利用採光罩大面引入光源進地下室，成為植物最好的生長場所。

完整的生態環境 只需人工給水便足夠

在室內種樹，人工給水上還是略有困難，當日照跟空氣流通完全，記得定期澆水維護，才能讓植物茁壯成長。

超大面旋轉門 與後門氣流相通

超乎想像的大型旋轉拉門，與採光罩旁的後門氣流相通，只要將大門和後門同時打開，氣流就能互相流通，室內就算不開冷氣也能很涼爽，讓植物也能暢快呼吸。

隔熱貼紙阻隔天井熱能進入

斜面的屋頂比平面式的設計來的涼爽，而開天井的做法雖然引入大量採光，卻容易加溫室內溫度，可用市售的隔熱貼紙貼在玻璃上加工，就能有效隔熱。

開窗篇 配合熱空氣上升、冷空氣下降開窗法

地面一共三層樓的建物，三樓是阿利的專屬工作空間，偌大的空地早在清水模建構之初留好所有管線，準備將這裡做為攝影棚使用，現在則是全家人的遊戲休閒場所，但站在這個採光良好的空間，卻涼風陣陣完全不覺炎熱，除了前後建築絕對留有窗戶的通風設計，刻意降低窗戶的位置，配合冷熱空氣交替的原理，也讓這裡達到降溫目的。

降低開窗位置更對流

以熱空氣上升冷空氣下降的原理，將窗戶開在下排，涼爽的空氣便能順利流入，從建築根本達到降溫目的。

建築體前後開窗通風絕佳

氣流有進有出、有流動才能造就涼爽感，室內設計時最好也要注意到開窗的形式，保持空間裡的前後開窗完整，達到氣流通暢的最佳狀態。

我家就是涼爽宅 網棚+泥土+實木

2 就地取材的自然屋 不開冷氣也涼爽

只是想實踐一種最自然的居住模式，從事室內規劃的代賢自三年前開始住在網棚搭建的小屋之中，一邊在一旁以自然的泥土和實木搭建了一間最天然的住所，她說：「不添加人工化學的東西其實是最好的隔熱材。」期望用最天然的材料，以親身實踐的方式，提醒我們總忘了「自然最好」的這句話的真諦。

採訪協力／風中之星手工房

建材篇

冬暖夏涼兼控制濕度 泥土是自然之寶

從網棚之家到泥土小屋，除了必要處摻用些許水泥，放眼所見泥土牆、木頭磚和石頭，全是就地取材，就像福建省的客家土樓，利用泥土的特性，夏天可以隔熱，冬天可以禦寒，自動溫控兼調節濕度，不用水泥接著便能堅固無比，日後即使要拆卸，泥石亦可回歸大自然，這也是代賢希望傳達給現代人的自然之力。

不打地基以卵石鋪面

不打地基以卵石鋪面，讓衛浴空間不需排水設備，用水就沿著石頭的縫隙流入泥土，捨棄水泥、不對基地造成汙染，搬走後這邊依然是一塊自然淨土。

木材溫度傳導慢

因為比熱之故，木頭對溫度的傳導較為遲鈍，但相反來說變有較好的隔熱和防寒功能，也算是天然又能降溫的建材。

泥土加亞麻仁油的天然之宅

泥土漆上天然亞麻仁油的組合比我們想像的堅固，尤其在吸了濕氣後會更為密實，加上天然材質具備呼吸特質，會自動調節濕度，對隔熱也非常有效。

不開冷氣自然涼

泥土為骨架建構的小屋，是代賢和老公的主臥室，陣陣涼爽的微風從後面窗戶吹來，代賢說夏天的風從後面來，冬天從側邊，加上泥土冬暖夏涼特性，讓她們一年四季都不需要冷暖氣。

建築篇

植物網棚＋泥土＋實木 實現住的理想桃花源

為了蓋自己的房子，代賢與先生暫時住在土屋旁的網棚之中，而爬滿綠藤的網棚自然通風而涼爽，藤葉便有遮擋陽光之效果，一旁由代賢跟先生一磚一瓦建好的土屋，在泥土的隔熱和適當的開窗方式下，站在裡面便能感受南風清爽的吹拂，不開冷氣也不覺得熱。

通風成為降溫的最大優勢

事先發掘基地的風向，房子前後通風做好，屋頂上也可利用天井加隔熱貼紙，或是因應房子型體藉由三角開窗，達到良好的降溫效果。

植物爬網棚 光合作用自然吸熱

雖然陽光容易從隙縫中直射，但在植物攀爬上屋頂後，自然會吸收陽光行光合作用，給室內良好的空氣品質，並達到隔熱目標。

開窗篇

全室多窗＋輕隔間 空氣流動不息

在一般的室內空氣中，隔間牆成為阻礙通風換氣的主要存在，而不論網棚或土屋，上下前後皆開窗的建築模式，加上不做滿的輕隔間室內設計，讓通風良好、換氣恣意，就算不靠冷氣或換氣機，這裡擁有最原始卻最棒的的通風設計。

不做滿頂 輕隔間協助氣流通

牆面的阻隔是造成室內空氣不流通的主因，如果在隔間規劃之初，將通風考量在動線範圍內便能發揮成效，而不作滿至頂，讓空氣得以在室內前後順暢流通。

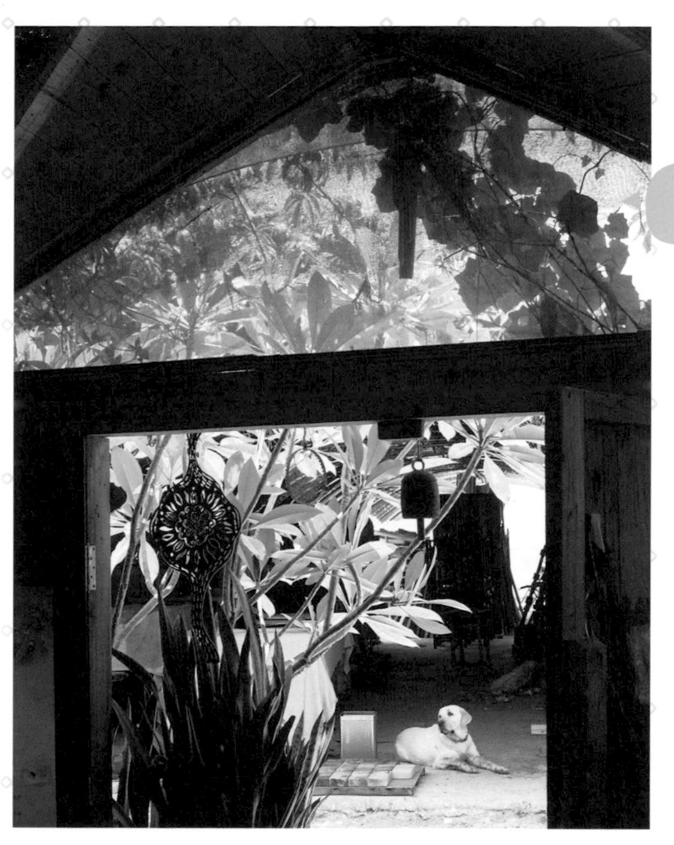

網棚上方開窗可自由開關

網棚搭建的空間，大門處的上方也像一般窗戶一樣有可開關的設計，確保空氣流通，天氣冷時則可放下保溫。

土屋以屋頂三角爭取通風

土屋則在木造的屋頂處以玻璃封住大型三角形，而小的三角形則做為通風使用，冬天時再加裝隔板就可預防冷空氣灌入。

自然住宅的思想家

和築開發總經理 吳森基

和築開發創建人，建築業近30年資歷，長期深入於自然、生命科學等領域，相信健康的居住會讓人恢復身心靈的平衡，提升自我療癒的能力。

資料提供｜和築開發

自然住宅篇

讓房子跟著時令走 打造冬暖夏涼的季節感建築

避開冬天的太陽，
迎向夏天的太陽才是上策！

講究通風與換氣，帶來有氧愉悅能量

現代人的焦慮、壓力，往往來自於無法放鬆，要讓身體的毒素排出、能量進來，除了養生飲食、靜坐、禪修等方式，最根本的還是在於居住空間，吳森基總經理強調建築就像人一樣，需要呼吸才會健康，也需要有空氣流動，所以嚴選基地位置是蓋好房子的開始，以半山匯為例，朝向淡水河的地形，面河部分開設大窗，引進夏天的風，相反的一側則以小開窗、側開窗、導風牆等建築手法，巧妙迴避冬季季風、避開西曬，人在室內就會很舒服、很放鬆，藉此打開身體的五感知覺。

健康空間關鍵要點

1 會呼吸的空間感

當視線可以延伸、穿透，空間能自由流動，眼睛會先感受到舒服、愜意，接著影響身體、頭腦、心情也會隨之放鬆，就像眼睛看遠看綠，視覺神經自然會放鬆。

2 具有觸感、手感的材料

本身即有度假休閒的感覺，材料的觸感首先會讓視覺產生聯想力，然後透過觸摸感受到柔軟、溫潤等質地感覺，最後傳導至身體感到舒服，反過來從身體放鬆延伸至心鬆、腦鬆。

3 冬暖夏涼的節氣建築

引導夏天的風，減少穿堂風和過急的風，讓室內空氣流動平和，風可以吹到室內各角落，房子也能換氣、呼吸，冬暖夏涼的節氣建築創造健康、可讓毒素排出能量進入。

4 適當的留白空間

大量開放向戶外的露台、窗台、陽台，利用引進自然景觀與留白空間創造的心靈活動，例如：瑜珈、冥想、打坐等等，開啟身體的智慧，心靈可以排毒，家就能放鬆、舒壓。

深陽台、床榻、大露台，與自然產生互動對話

大自然的美景可帶來寧靜、平和，可將戶外景觀引進屋內，例如客餐廳特意內凹規劃的大陽台以及床榻，創造空間的層次感，同時柔軟我們的生活，大陽台可以是吃飯、瑜珈、打坐、發呆，加上可隨意挪動的家具，空間隨著時間變化，人才能靜下心來，感受一連串眼鬆、腦鬆、心鬆的連鎖感官反應。浴室也開大窗，「浴室是與心靈最接近的地方，也是人們學習獨處最好的空間。」而且因為擁有充沛的陽光，浴室具有絕對的乾燥、殺菌、防霉。

環保無毒材料，創造健康舒適的感官

居家聞到的空氣必定也要符合無毒低汙染的狀況，要選用具藍天使標章的零甲醛木地板，搭配環保乳膠漆，更加降低對室內空氣的汙染，一方面由於房子良好的通風設計，自然地就能將廢氣排放出去，加上選擇性迎接冬天的太陽，迴避夏天的太陽，如此順應節氣的建築，紫外線能進入屋內，讓空間變得很乾淨，也擁有絕對的乾燥，適當的曬太陽能產生維他命D3，也能幫助人體吸收鈣質。

淨化技巧 ▶ 植栽綠化

調溫技巧 ▶ 植生牆

採光技巧 ▶ 退縮棟距

降溫技巧 ▶ 頂樓隔熱

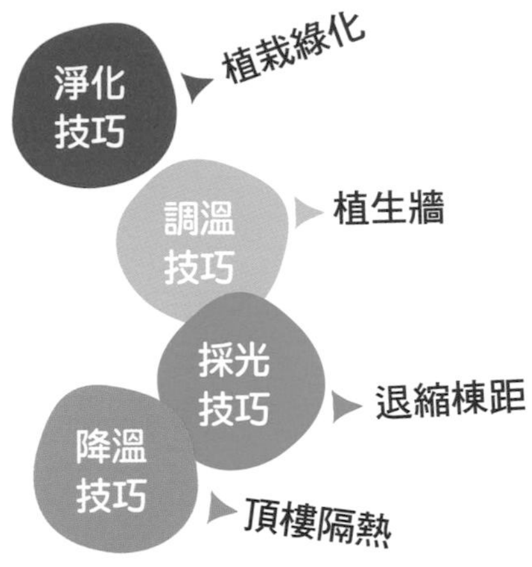

居家擁有陽光、空氣、水 四季都是好時節

夫妻倆想要給孩子們通風明亮的環境，在新鮮空氣和自然光線洗禮中健康成長。聽起來簡單的條件，在都市中卻已成為不太可能的奢想，遍尋看屋可惜沒有一戶符合。於是找上鄧德偉設計師，決定自地自建，運用逐層退縮不做滿的建築思考，納入植生牆及循環水池永續概念，讓光線、微風、活水這三項重要元素，互相調節出舒適住宅。

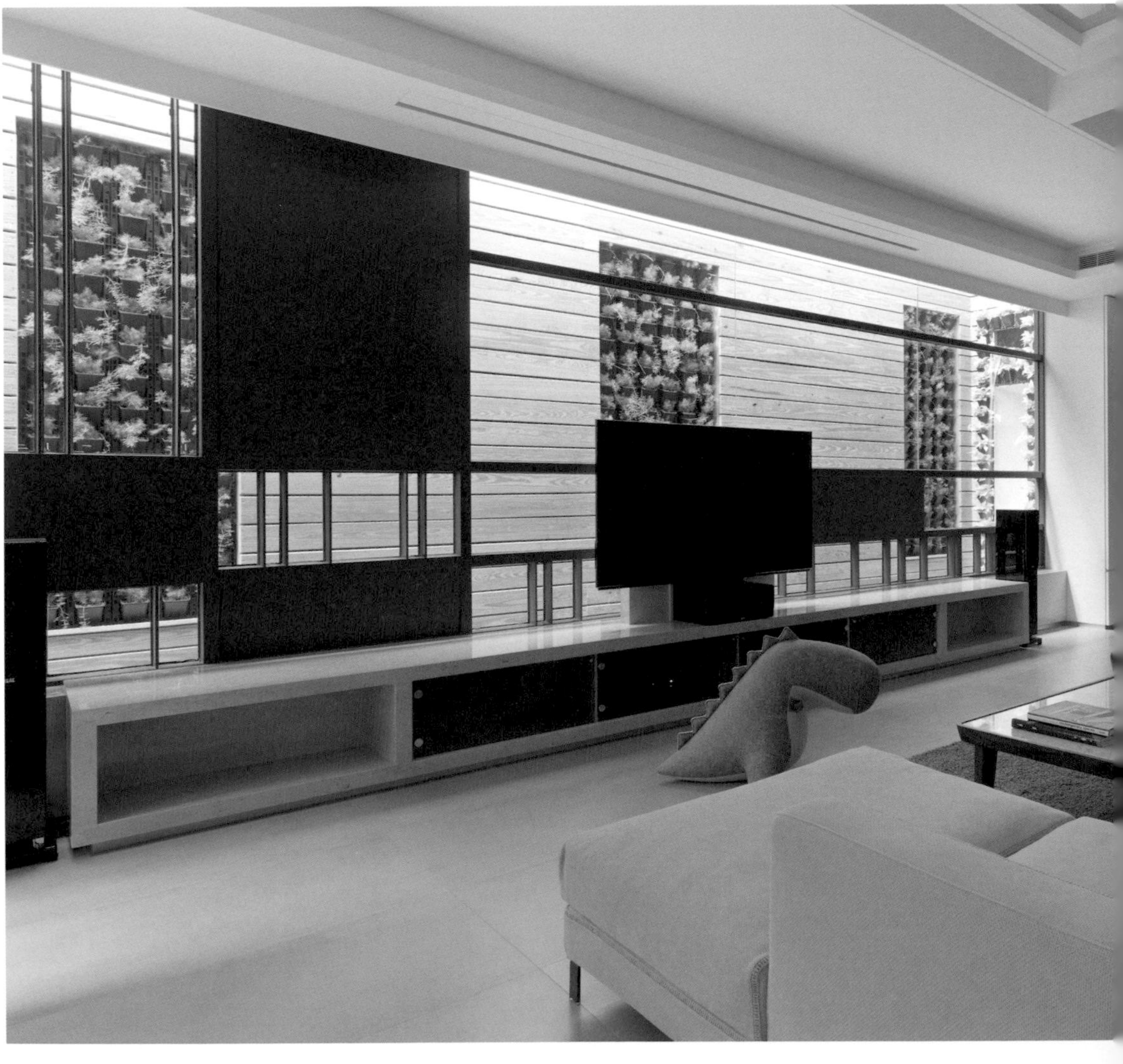

採訪｜溫智儀　設計暨圖片提供｜雲和設計工程

1.電視牆後方是通往地下室的戶外梯空間，大面玻璃引入採光與植生牆綠景，客廳白天幾乎不用開燈。
2.客廳配色運用自然材質，呈現明快清新氛圍。全室設有全熱交換器，維持最舒適的體感溫度。

2

1

雲和設計工程　鄧德偉

電話：04-23161483
地址：台中市西屯區寧夏東三街17號

逐層退縮設天窗，爭取採光最大值

由於都市建築物多是想辦法做滿基地爭取最大室內坪數，於是一棟緊鄰一棟的結果，造成狹窄棟距阻礙陽光和空氣流通。有鑑於此，設計師以減法哲學思考，採取逐層退縮手法拉開實牆棟距，並利用天窗概念，配合透明玻璃踏面樓梯、格柵的運用，充分汲引天光由頂樓直瀉而下。而平均分配各樓層空間功能，使得每一層樓都是獨立空間，盡量減少實體區隔，頂樓到地下室都擁有自然採光。也因為逐層退縮，製造出更多小陽台，為生活爭取到更重要的明亮光景。

空間形式：獨棟透天
室內面積：151坪
室內格局：五房兩廳
家庭成員：夫妻、2子1女
主要建材：梧桐木皮、原木、石材、冷烤漆、網點玻璃、鐵件、石英磚地板、木地板、抿石子、南方松、全熱交換器、中央集塵設備

3

4

5

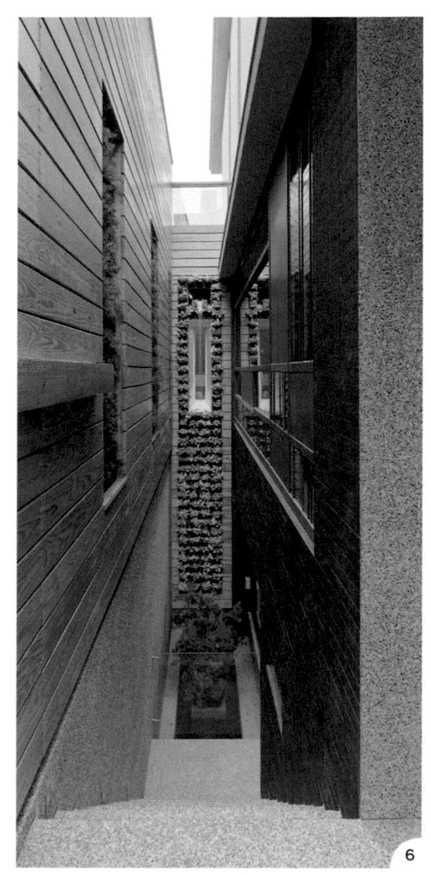

戶外梯引進自然光，地下室也明亮

提到地下室，一般人印象大概都是陰暗悶熱，頂多用來當儲藏室；或是完全依靠高品質設備，才能以後天方式解決先天採光和通風問題。但如果賦予地下室擁有一般樓層的天生麗質，它的空間規劃可能性也就隨之擴大。設計師便是利用樓層退縮製造出戶外梯，由一樓餐廚空間的後院通往地下室，陽光和風便能沿著戶外踏階，透過大面玻璃窗一步步走進去。規劃大量展示櫃，用來收藏屋主鍾愛的眾多限量公仔，自然光線使這個地下室空間如同精品展示區，屋主好滿意。

開窗灰塵多，空氣清淨設備全過濾

開窗促進通風，但是天冷或睡眠時不會想開窗，而且當窗戶大開時，飄散進來的灰塵實際上也不少。因應這樣的矛盾心情，全室加裝全熱交換器及中央集塵設備，任何時間都能維持室內空氣在一定的標準，確保全家大小呼吸健康。室內栽種自然植物亦可以幫助空氣清淨，選擇一些適合室內、又能吸附化解有毒物質的植栽，例如主臥浴室在窗邊栽種白鶴芋，透過植物蒸散作用調節室 溫度和濕度，還能吸收空氣中的毒素如甲醛等等，有效淨化空氣、綠化空間。

3.餐廚空間旁邊有一個小後院，全家可以一起在開放、又有自然相伴的空間中享受團聚的天倫之樂。
4.玄關上方十字天窗灑下自然光輝，沉靜心靈。正對的牆面開了長條空隙，可以看見戶外植物，消除壓迫感。
5.扶手選用原木材質，踏階使用膠合玻璃貼覆網點，止滑又能維持透光性，梯間盡量以格柵達到良好通風效果。
6.一樓通往地下室的戶外樓梯，設置植生牆綠化並降溫，下方蓄水池亦能調節空氣濕度。
7.白鶴芋能吸附空氣中的毒素，因此常被用來做為室內植物，栽種在浴室窗邊，還能調節溫度和濕度。

8

9

10

11

設計運用自然原理，最環保省能源

將大自然運作原理應用在空間中，落實節能減碳環保概念，以植生牆來說，既不佔空間又能大面積綠化，重要的是清淨空氣並降溫。下方特地將植生牆的循環再利用集水區，設計成外露小水池，當天窗打開時，熱空氣上升對流換氣，亦將水氣往上帶，便可調節室內溫濕度，例如冬天或是使用空調時便增加水氣。五樓景觀陽台鋪設南方松木平台，下襯碎石，底層設置塑膠排水板，除了加強導水、預防阻塞，更是減少頂樓熱吸收。室內自然降溫，尤其到了夏天，有效減少冷氣耗電。

住宅知識王

1. 利用兩樓高的圍牆納入植生牆，牆內裝有自動灑水系統，每隔50公分有一個出水口，平均澆水。
2. 底部都必須設集水區，最簡單是以溝槽排水，也可以進一步規劃管線，使集水區的水循環再利用，落實珍惜水資源、不浪費的環保概念。

8. 四樓景觀泡澡區，利用逐層退縮製造出的陽台種植適當高度植栽，欣賞天空同時提高隱蔽性。
9. 五樓有室內梯廳與戶外陽台，不論晴雨屋主都可以泡茶享受。陽台木平台與碎石、導水板，幫助建築物隔熱。
10. 電動天窗自動偵測濕度，若下雨即自動關閉。開啟時，利用空氣熱對流原理，自動與屋外換氣。
11. 一樓通往地下室的戶外樓梯，設置植生牆綠化並降溫，下方蓄水池亦能調節空氣濕度。

控溫技巧 ▶ 天井植栽
舒壓技巧 ▶ 面景動線
採光技巧 ▶ 大面開窗
隱私技巧 ▶ 線形開窗

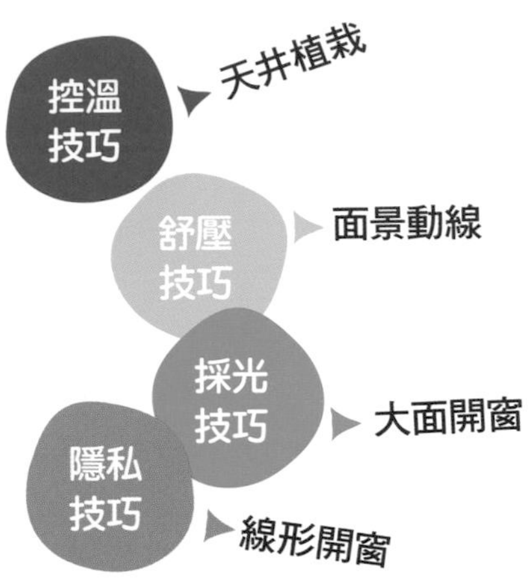

三角基地變綠色莊園 玻璃天井製造涼爽氛圍

本來是一塊受到許多買家放棄的狹長三角形基地，屋主李先生卻慧眼獨具愛上這裡的田園景致，更聘請擅長在宜蘭蓋房子的李育奇設計師，以展開雙臂的建築造型搭配景觀設計來化解三角基地，前有庭園、內有天井，不論行走在家中哪一處，都有綠意、天光相伴。

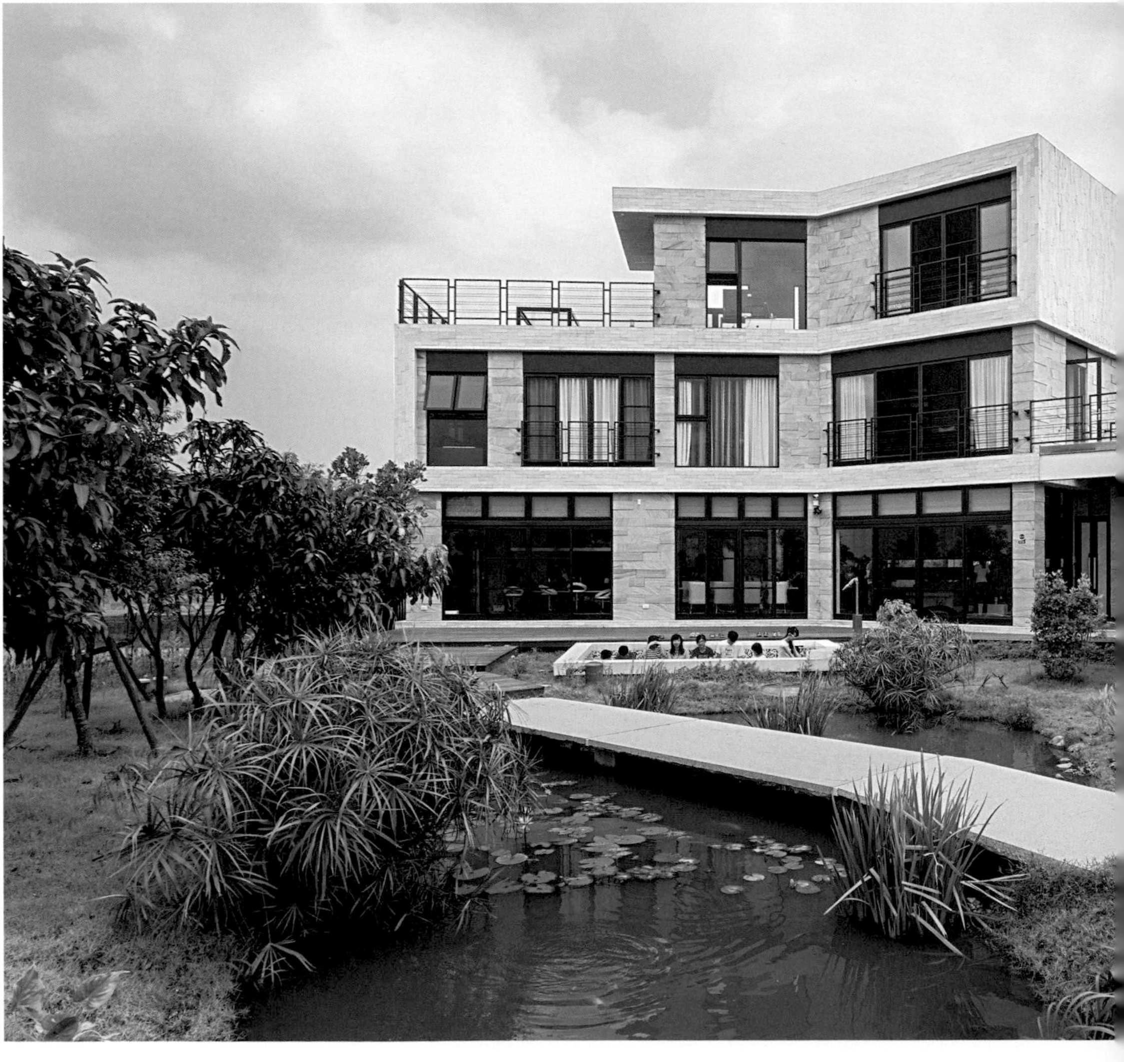

採訪｜黃貞菱　攝影｜劉煜仕　設計｜百速設計

1.建築體本身是由高低不一的樓層創造層次感，最右方的一樓則為可停下兩台車的車庫，正前方則是小朋友的SPA戲水池。
2.從頂樓往下俯看，可以清楚看見設計師巧妙的利用這三角形的基地，透過木棧板、湖泊的營造，在此散步、種花都十分愜意。

2

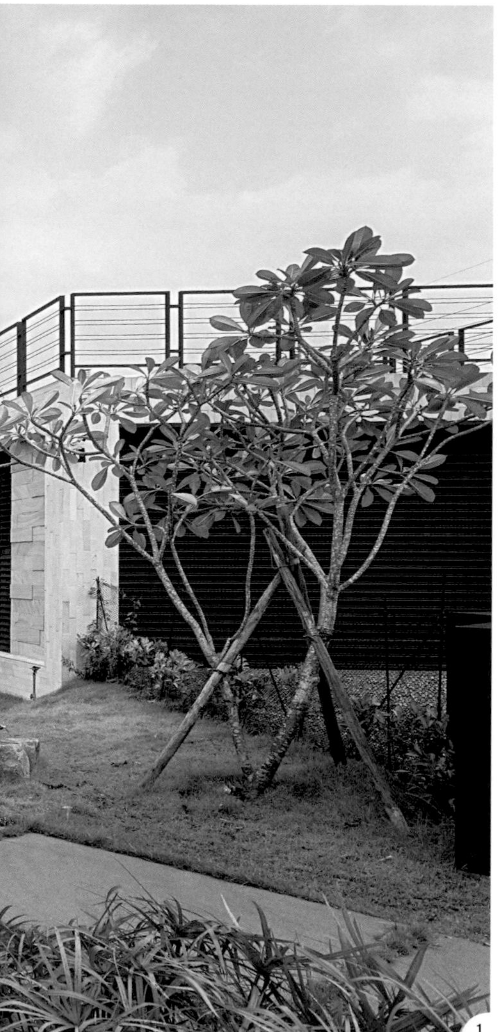
1

百速設計　李育奇

電話：03-9109879
地址：宜蘭縣冬山鄉安農八路46號
網站：www.pesuh.com.tw

退休後到鄉下享受田園生活是許多人的夢想，但屋主李先生卻早一步圓夢，在宜蘭冬山鄉的柯林湧泉附近，打造了一棟屬於全家人的渡假城堡，會覓得如今看來十分完美的基地，其實過去一直都是讓人望而搖頭的狹長三角地帶，直到李先生透過朋友口碑介紹認識李育奇設計師，他巧妙的思考建築、庭園與外界關係之後，將建築蓋在三角形的最寬處，前方庭園透過三道不規則的木棧板橫過小湖泊，加上捨棄圍牆的大膽作法，完全化解了三角形基地的窘迫，成為令人驚喜的創意之作。

空間形式：獨棟透天
室內面積：142坪
室內格局：五房三廳
家庭成員：夫妻、2女
主要建材：柚木砂岩、雪花白燒面石材、綠板定厚精品、強化玻璃、版岩磚、鐵件、黑玻璃、烤漆玻璃、洗白橡木地板、杜拜木紋、黃木紋馬賽克、印度黑仿古面、黃木紋平面定厚

4

5

3.不規則的建築體像張開雙臂擁抱庭園，也讓人從進門、用餐到下廚，都能將田園景致一覽無遺。
4.二樓天井搭起一座透明天橋通往女兒房，行走其中就像穿越過熱帶叢林一般有趣。
5.位在客廳與廚房之間的餐廳，除了可面向戶外吃飯之外，向內看還有天井綠意，讓人彷彿坐在大自然中用餐一般。

讓三層樓的視線都能望向最遠

面著河道的基地，由於前方沒有其他建築物遮擋，使它擁有將近180度的絕佳視野，於是設計師在思考建築物的外觀時，就希望能讓空間在面河的這一面完全展開，打造出二三樓可遠眺蘭陽平原，一樓全覽庭園小橋流水的美好視角。建築背面由於僅臨鄰棟與巷道，設計師特別在一樓客廳以兩道線形窗取代大面窗，優點是人在室內仍可觀望屋外，但路人卻只能略窺一二，保留了屋主與家人的隱私，也讓光線依然可進到客廳中。

在一樓的動線上，客廳、餐廳與廚房連成一線，將庭園景致都納入成為空間的裝飾，而且每一個區域都規劃玻璃門可直接踏到戶外，好處是在外頭SPA池戲水的小朋友都可直接進屋梳洗，大人們也隨時都可以看見她們在屋外的活動。此外，位於中段的餐廳，前有庭園、內有天井，更創造出有如置身大自然中用餐的情境；而面向戶外的廚房中島檯面規劃，能容納全家人面對美景一起下廚。

陽光、空氣和水為首要考量，提倡不過度裝修

自地自建的別墅最能夠依屋主一家人的需求量身打造，屋主李先生也相當投入在與設計師的討論過程中，例如他不喜歡家中有太多的木作櫃體，因此設計師特別在餐廳木地板下暗藏了儲藏空間，讓過季的電器、衣物巧妙被隱藏起來；三間臥房內的收納也規劃完整的更衣室，將生活雜物減到最少。但是，沒有太多裝修會不會使房子看起來空盪盪呢？為此設計師特別將他所擅長天井手法帶入空間中，貫穿三層樓的天井成了每一層空間中最天然的裝飾品，甚至樓梯就規劃在天井旁，讓垂直動線的移動也有天光、綠意相伴。

擅長現代簡潔風格的李育奇設計師，在公共空間的設計上，以單純的建材搭配線條表現層次，例如順應建築結構而打造的不規則天花板，不但化解樑的問題，也讓客餐廳多了變化的趣味。樓梯的造型也以輕巧的鐵件為主體，鏤空的梯階讓望向天井的視線不被阻擋，俐落簡單的線條更為空間時尚感加分。

7

8

臥房用彩牆營造氣氛，活潑配色表現童心

主臥房除了床正對無敵視野之外，完全開放的浴室更讓空間媲美精品飯店的質感，浴室與寢區以一黑一白產生對比的趣味，滑動式的黑玻璃門片，可隨沐浴隱私移動遮擋。小孩房則完全呈現另一種風貌，設計師以活潑的色彩來營造，例如屋主的小女兒喜歡藍色，她的房間使用許多不同色階的藍、不同材質的藍來豐富空間，甚至連更衣室的門片也特別做上藍色泡泡圖案，讓小女兒每天都能很開心在自己的房間中玩耍。此戶的機能與設計感完全能展現出屋主性格與品味，屋主李先生特別說道，自地自建的建築一定要聘請專業的設計師來統整規劃與監工，很多屋主為了省預算決定自己發包，常常都花上比聘請設計師還貴的費用，卻還達不到自己滿意的效果，找到值得信賴與專業的設計師，絕對是打造幸福之家的第一步。

6.擁有放眼望去開闊的平原景色，主臥房以大面積開窗邀綠意進眼簾，成為最自然的空間裝飾。

7.有別於寢區的明朗白色，開放的浴室以黑色來營造不同氛圍，從磚、木作到玻璃，將不同材質的黑色相互融合為一。

8.屋主小女兒非常喜歡藍色，於是設計師以粉藍牆面搭配泡泡般的更衣室門片，就連浴室玻璃也以藍色呈現夢幻氣氛。

住宅知識王

1. 設計師在獨棟住宅中很喜歡置入天井的安排，因為天井具有調節溫度、通風和採光等等優點，讓室內空間也享有自然氣息。
2. 而直達頂樓的天井設計，正好讓二樓搭起一座透明天橋通往女兒房，行走其中就像穿越過熱帶叢林一般有趣。
3. 天井內栽種豐富的植物種類，例如海棗樹、小黃椰、旅人蕉等等，創造出高低不同層次的自然美感。

秋天，可以和鼻塞、流鼻水説bye bye嗎？

擊倒居家過敏原 讓全家人放心呼吸的抗敏裝修術

第二章 秋抗敏

1

知識篇

馬偕紀念醫院・過敏免疫風濕科 李惠婷醫師
林口長庚兒童醫學中心・兒童過敏氣喘風濕科 葉國偉主任醫師

2

實際應用篇

咳嗽不要來 珪藻土＋通風＋木百葉窗
紅眼睛不要來 珪藻土＋F1板材＋全熱交換機
流鼻水不要來 開窗方式＋鐵軌枕木＋自然光
打噴嚏不要來 植生牆＋通風＋飲用水除氯
氣喘不要來 通風＋系統櫃＋整合設計
偏頭痛、噁心不要來 熱循環交換器＋系統櫃＋木炭

3

選購篇

寢具推薦 擁抱好情人 同床共枕不再打噴嚏
家電推薦 清潔好夥伴 整齊乾淨黴菌、塵蟎不再來

4

住宅知識王・好好睡覺篇

買對寢具讓你舒眠一整晚
埃及長纖棉＋輕盈羽絨被＋天然擴香 提升睡眠好品質

5

居家空間示範篇

散步浪漫白屋 感受春意盎然的生命力
選對建材 輕鬆徜徉優質綠生活

為什麼每每睡覺前就想瘋狂揉眼睛？衣櫃一打開就開始流鼻涕？開了空氣清淨機還是打噴嚏？小孩子一打枕頭仗就鼻塞？怎麼設計才能讓我們擁有健康而不會時常「酷酷掃」的抗過敏居家，讓我們看下去就知道！

我家小孩愛咳嗽

請先拒絕複雜的室內設計吧！

醫生說：空間乾淨整齊才不會有灰塵和黴菌孳生的空間。

設計師說：把布品換成木百葉或皮製品，更能阻絕過敏原。

以前的裝潢每天眼睛都會紅

請先拒絕強力膠等刺激物！

醫生說：揮發性有機化合物影響可長達數年，可以起多重過敏反應。

設計師說：愛用環保膠、珪藻土，無毒還能調節濕度。

可不可以不要一起床就流鼻涕

利用空間增加自身免疫力！

醫生說：良好的通風環境，流點汗、少開冷氣增加身體抵抗力。

設計師說：強調通風、接近自然以及選用自然建材，讓預防勝於治療。

怎麼老是鼻子癢在打噴嚏

空間自己能行光合作用！

醫生說：維持空氣的舒適度以及濕度平衡，便能減低過敏反應。

設計師說：藉由植物的自然呼吸，過濾空氣中的不良空氣。

沒原因孩子卻氣喘

化繁為簡讓空間採光通風好！

醫生說：沒有壓力的舒適空間，可以減低過敏反應。

設計師說：順暢動線，引入自然光源、排出濕氣。

怎麼一到下午就會偏頭痛

惱人刺激物快閃！

醫生說：溶於空氣中的揮發性有機化合物，可是造成人體各種不舒服的主因。

設計師說：改用系統櫃板材，減少現場施作。

圖片提供｜Partidesign

知己知彼 打擊過敏原

看不見卻無所不在的隱形威脅

「當產生過敏症狀時，往往不是單一過敏原引起的，多半是複合式的原因，要遠離過敏原的最好方法就是保持室內空間整潔喔！

馬偕紀念醫院・過敏免疫風濕科 李惠婷 醫師」

塵蟎多孳生於溫暖潮濕而多灰塵處、抱枕、布玩偶、寢具和衣物等布品中，因為塵蟎主要食物來自於人類和寵物的皮屑，所以很多人往往在床上一躺下，就流鼻涕、鼻塞、甚至開始眼睛紅腫發癢。而我們之所以對塵蟎過敏的主因，來自於牠們的排泄物和屍體的合成蛋白質，含有令呼吸道易感染的過敏原，加上這些小蟲的繁殖相當迅速，一隻雌性塵蟎在五個月內可以產下三百個卵，這同時也是塵蟎引發過敏的因素之一。

台灣地處亞熱帶區域，終年濕氣嚴重讓黴菌成為引發我們過敏的主因之一。黴菌之所以會造成過敏的原因，來自其散布在我們呼吸空間中看不見的孢子，再透過灰塵、衣物、或寢具尋得適當發展的環境長時間存活，尤其現在都市空間擁擠，在浴廁開窗通風實屬大不易，台灣本就溫暖而潮濕，那便很容易形成黴菌孳生的溫床。請千萬不要小看黴菌的威力，牠可以誘發呼吸道不適、甚至成為引發氣喘的起源。

蟑螂無所不在，只要有水和食物的地方就一定看的到牠們的存在，其留下的糞便、產卵、和吃過的食物如果被誤食，都有可能會因為蟑螂過敏原引發過敏反應。

刺激物過敏，也就是裝修房子時所使用的木頭隔板、塗料、黏著劑或家具等，含有揮發性的刺激物，當這些化學刺激物隨著日積月累融於空氣中，便會造成眼睛紅腫、氣喘、偏頭痛、噁心反應，最常見的刺激物如甲醛(壓縮木料、膠合板、木頭亮光漆、防皺紡織品)、甲苯(指甲油、牆面塗料)、無機染色劑(化妝品、染色紡織品)或乙二醇醚(黏著劑、壁紙剝離劑、亮光漆)等。

醫生告訴你常見的過敏迷思

Q1：開空氣清淨機可以除塵蟎？

塵蟎是不會飛的，僅是開著空氣清淨機，是絕對無法吸走布品上的塵蟎，加上塵蟎只怕熱，不用高溫殺菌難以根除。

Q2：打掃家裡時毛屑飛揚就會打噴嚏，所以毛髮也會引發過敏嗎？

皮屑才是讓過敏原孳生的主因和毛髮無關，之所以會過敏是因為塵蟎飛揚之故。

打敗居家過敏原 預防勝於治療

不可忽略小細節跨出健康第一步

帶孩子來看過敏門診的父母，往往對於引起孩子的過敏症狀而給自己壓力，建議放鬆心情，讓居家空間的佈置維持簡潔明朗，勤於維護整潔才是上策。

林口長庚兒童醫學中心・兒童過敏氣喘風濕科
葉國偉 主任醫師

打擊過敏原 1 塵蟎

- 55度以上的清水洗淨衣物和寢具，如果只是用低溫清水達不到效用，因為塵蟎只怕熱。
- 床組寢具最好兩個星期換洗一次，如果無法達成，也可定期將棉被放到陽台讓太陽曬，再拍打讓塵蟎屍體掉落。
- 潮濕也容易造成塵蟎孳生，所以洗淨的布品一定要高溫烘乾20分鐘以上，也能二度殺菌。
- 空間中以好清理不易孳長塵蟎的東西代替布品，如木百葉替代窗簾、皮沙發替代布沙發。
- 空間設計一旦複雜，就容易有死角讓灰塵聚集，所以裝修時讓空間設計盡量簡潔，好清理、勤快打掃，是維持乾淨環境的絕對要素。

打擊過敏原 2 黴菌

- 根據中央氣象局的統計，台灣的年平均濕度在80度間，所以要利用除濕機將室內濕度維持在50~60度之間，才最舒適。
- 壁紙的使用有可能造成角落積聚黴菌，需要時常注意或在使用年限到時做更換。
- 使用冷氣或空調也可達到降低濕度的目的，並可在過濾部分黴菌孢子，但是一定要定期清洗濾網以確保乾淨、出風口定期擦拭。
- 使用濕度計，隨時留意濕度變化。

打擊過敏原 3 刺激物

- 盡量保持室內通風。
- 使用空氣清新機，在一定的範圍內可達到除異味和濕氣的成效。
- 選用有檢驗合格的綠建材做裝修，減少和化學刺激物接觸。
- 使用有HEPA分子過濾的產品，更能達到功效。

醫生告訴你常見的過敏迷思

Q3：是不是只要家裡把窗戶打開，空氣流通就可以減低過敏發生？

開窗這種事要因地制宜，如果是靠山、靠海的環境開窗容易帶進濕氣，如果房子在馬路邊則會帶入髒空氣，如果是這樣那不如靠空調、除濕機、空氣清淨機還比較能達到成效。

Q4：空氣清新機、或仿間宣稱有防蟎功效的產品是真的有用嗎？

空氣清淨機的確可達到除異味、黴菌孢子和除去部分刺激物的功能，但對於不會飛的塵蟎可說是一點用都沒有；而所謂抗塵蟎的產品，經過檢驗後，確實是有達到減少過敏原存在的功能。

好動男孩專屬的不過敏遊戲場

實際應用篇1 咳嗽不要來

珪藻土+通風+木百葉窗

圖片提供｜Partidesign

裝修之時就因為家中有一個頑皮的過敏男孩，所以屋主夫婦就十分注意裝修的一切細節，設計師也考慮周詳，克服許多建材和設計上常常造成的過敏原的問題，並在設計和健康之中取得平衡，不僅擁有細膩溫潤的木質簡約風，也兼顧男孩好動的健康遊戲環境，讓居家空間輕鬆遠離過敏原。

木百葉窗取代窗簾

一般空間雖少見木百葉的使用，但其實在空間中減少布幔的使用，是遠離過敏原塵蟎的最好方法，在以木質設計的空間中，換多數的窗簾布幔為木百葉窗，一來和空間設計搭配完美無衝突，只要用布擦拭即可輕鬆保養的方法，更不會在布的纖維間有藏匿塵蟎等過敏原的可能性。

抗敏居家小提醒

抗過敏居家最重要的就是隨時保持居家整潔，若使用過多木作裝飾或雕飾，容易在不易打掃處藏汙納垢，造成細菌塵蟎孳生，所以設計師在空間裡減少複雜的設計，但用錯落虛實交錯的櫃體增加實用和設計感，豐富電視主牆同時減少多餘木作，達到簡潔而好清潔的空間。

珪藻土吸濕除臭

講到抗過敏的大功臣，不可不提這附著在牆上確保一生健康的珪藻土了，雖然成本比一般油漆高，但最大的好處就是可以藉其不光滑的粗糙表面，調節空氣中的濕度、以及吸附不好的空氣，在台灣的潮濕環境中若能調節好濕度，減少黴菌孳生便能減少過敏症狀發生。

改用系統櫃安全板材

空間實用不免要有櫃體的存在，為了減少板材膠合時的刺激物，設計師選用低甲醛的系統板材做書櫃和衣櫃設計，剛搬入新家打開櫃體時，便能減少異味的殘留，也不會因為時間流逝而令有毒物融於空氣中。

設計可通風對流的動線

為求空間開放而通風，並講究機能性，設計師讓公共空間開闊而有彈性，讓客廳、餐廳和書房三方空間開放串連，但卻利用三道透明拉門，讓書房成為彈性空間，有客人來時則可拉起門成為獨立空間，拉開門後開放空間讓氣流順利流通，帶走不好的空氣，也減少濕氣殘留。

二度裝修就為不過敏健康宅

實際應用篇2
紅眼睛不要來

珪藻土+F1板材+全熱交換機

圖片提供｜界陽設計

兩度裝修的屋主家有一個過敏兒小孩，因為第一次裝修時未特別留意化學物質引發過敏症狀的嚴重性，讓小孩子不時呼吸道不舒服或是眼睛紅腫，所以第二次裝修時就要求設計師一定要打造一個健康的居家環境，尤其此戶又位在極為潮濕的淡水，如何防潮抗菌成了最大重點。

以環保膠取代強力膠

裝修時不得不用到黏著劑固定裝修設計，一般裝修均使用強力膠施作，設計師則選用較難施作的環保膠取代，從最小的細節處便開始小心注意，給屋主一個絕對健康的居家環境。

抗敏居家小提醒

如遇到家中有油漆剝落的現象，那就是濕氣過剩的表徵，治標不治本的重新粉刷，並不能解決根本狀況，而珪藻土的使用能協助空氣調節濕度，也不會產生剝落的現象，但如果家中已經遇到了傳統油漆的剝落現象，建議預防勝於治療，使用全熱交換機、除濕機以及使用濕度計隨時關切濕度，並保持適度通風才是預防黴菌孳生的最好方法。

毒氣 out!

F1板材減少化學物質

裝修時最怕使用的板材帶有甲醛等影響健康的化學物質，一旦化學物質揮發到空氣中，會是成為引發過敏的因素之一，而設計師為屋主一家特選F1等級的健康板材，就連一般櫃體內的木心板、玻麗板都不例外，讓居家空間由裡到外徹底減少刺激物殘留。

噴式與手抹珪藻土併用

珪藻土的最大功能就是調節空間濕度、零甲醛以及脫臭等功能，設計師雖以大量的木作設計強調現代摩登的設計，便使用噴式的珪藻土附著於木作、牆面和矽酸鈣板上，讓精緻的設計也能讓人身處健康環境之中，而主臥房則利用手抹的珪藻土拉出橫紋效果，打造粗獷的工業風格，利用多種手法令空間風格多變而健康。

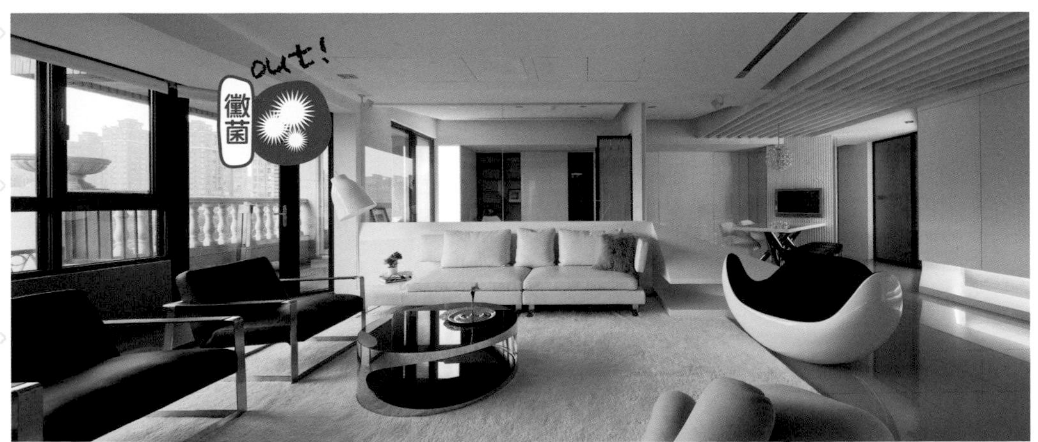

全熱交換機對抗濕氣

因為位於水氣濃重的淡水，最容易造成過敏的原因便是濕氣的滯留，不過一旦入冬淡水溫度低迷，難以經常開窗加強空氣對流，於是便在位於空間中央的廚房設置全熱交換機，以便吸入好空氣、再排出室內空氣達到空氣對流的作用，就算冬日不開窗也能達到排濕作用、給屋內好空氣。

親近自然 內而外產生抵抗力

實際應用篇3
流鼻水不要來

開窗方式+鐵軌枕木+自然光

圖片提供｜大湖森林室內裝修

喜愛自然的屋主，加上因為曾經長住國外，希望能有隨時接觸自然的環境，設計師更認為對抗過敏最好的方法，就是先增強自身的抵抗力，多接觸自然，所以主張強調運用屋況的優點，強調通風以及選用自然建材，預防勝於治療，在自然宅中感受天然之氣，達到排毒抗過敏之需求。

低窗冷進、高窗熱出 通風更順暢

探看空間的基地位置，模擬通風的路徑後，以低窗冷進、高窗熱出的原理，決定最佳的開窗位置，如果基地位置不良，或是不能改變大樓的開窗，則可使用抽風機的負壓式設計，抽進冷空氣降溫、或是排出熱空氣，達到空氣交換的目的，引入好空氣。

抗敏居家小提醒

為了防止在潮濕台灣，木頭被蟲蛀容易引起的潮濕問題，在選擇牆面塗料覆材時必須注意內含成分，化學成分的塗料雖能讓木料壽命延長許久，但不如蜂蠟、柑橘類的精油或植物油做成的防護漆來的天然安全，而如需防潮，木材可先經過抗潮濕處理，或與牆面之間留有通風空間，就能避免木頭隔板和牆間難以察覺的冷凝現象，造成潮濕問題。

out! 髒空氣
out! 黴菌

自然材質健康少加工

打造減少塵蟎的環境，首先減少其孳生的環境，如布沙發、窗簾或壁布壁紙等，設計師在空間中多用木料、鐵件、鏡面和石材共構空間設計，而客廳雖有地毯，但只要每周定期使用吸塵器清理，便不至造成過敏原塵蟎的孳生。

不上化學保護漆 自然樂活

多使用石材、鐵件和木料，尤其選用不做精緻處理的鐵軌枕木，不上保護漆，保留木頭本身的毛細孔，既能減少化學物的接觸、也能藉由木頭原本的毛細孔在熱脹冷縮之間，稍微調節空氣中的溫度和濕度，讓室內空間能更貼近自然。

通透採光 減少人工光源閃爍刺激

全室採垂直動線的開放式設計，連上二樓的樓梯也懸空不再頂天立地塞滿空間，並在牆堵上適度開窗鏤空，如此能擁有好通風之餘，也讓採光盡入，隨時照拂空間中的每一個角落，便能不開燈，減少因為人工光源閃爍而引起的偏頭痛或焦慮，是避免刺激的極好方式。

森林在我家行光合作用

實際應用篇4 打噴嚏不要來

植生牆+通風+飲用水除氯

圖片提供｜和築開發

不只是提高人體本身的免疫力、空間整體的免疫力也是打擊過敏的重要關鍵，重視房子會呼吸，也強調順著節氣自然而住與心靈空間，人從心裡感受到自然的力量，自然能有足夠的抵抗力對抗過敏原。

引夏季風、迴避冬季風

會呼吸的房子首重「風」從哪裡來，除了景觀視野外，更重視穩定充足的地形風，在選擇建築基地上，必須周圍有森林，建築規畫順應地形，才能引夏季風、迴避冬季風，順應節氣而住，另外透過開窗、通風的設計引進自然氣流吹進室內，便能不怕住宅空間位在潮濕環境。

打造抗敏居家小提醒

雖然保持屋內的通風良好是讓人居住健康的主要關鍵，但是戶外的廢氣污染源進入室內，也會造成人體不適，所以要因地制宜而開窗，如果不得已需要開窗，那就要加上空氣清淨機的幫助，過濾戶外進入的過敏原。

out!
黴菌

設置專屬除氯水塔

自來水在冷水中加氯是為了消毒以防大腸桿菌等滋生，但氯遇熱會產生三鹵甲脘，非常容易致癌和刺激物過敏；以氯的汙染來說，我們的口腔黏膜細胞與肺泡細胞都非常容易及快速吸收，所以即使不飲用僅接觸，長期累積下來對健康非常不好，所以在用水的設計上是從根本除氯的，自來水從水塔送出時便除氯，生活上所有用水便都沒有氯汙染的疑慮了。

室內森林行光合作用

植生牆設置在室內，可藉由植物的自然呼吸，過濾空氣中煙味或油煙等不良空氣，經過研發植生牆已有許多科技培育法杜絕蚊蟲青睞，而選擇植栽的種類(黃金葛、圓葉椒草等不怕冷氣適合生長在室內)、做好完善的供水系統、選定採光面是植生牆設置的重點，前兩者是選材與設備，後者是植生長得好不好的關鍵。

全家人在抗濕氣宅裡談天說地

實際應用篇5 氣喘不要來

通風+系統櫃+整合設計

圖片提供｜尤噠唯建築師事務所

原本動線不順暢又狹窄陰暗的老屋，又位處內湖山邊略為潮濕，而在小孩子誕生後，希望給他一個舒適健康、遠離過敏原的成長環境，避免氣喘發生，因而請設計師協助進行二次翻修，在21坪不甚寬裕的空間裡，設計師主張將空間設計化繁為簡，注重採光通風，滿足基本條件需求打造抗過敏居家。

空間換氣才能帶走過敏

因為老屋的動線不順暢，在21坪的空間中，讓生活空間看來狹小鬱悶，設計師認為雖然能使用的空間不大，但將空間有效的一分為二，明立公私領域，占據平面各一半的區域，並整合機能於客廳電視背牆，同時為書房的透明拉門以及小孩房的門扉，便把公共空間適當而寬敞無阻串連，讓長型房子的氣流能順暢流通。

打造抗敏居家小提醒

部分地區生產的花崗岩材料，會溢出氡氣容易導致肺癌的產生，氡是一種天然的放射性氣體，根據研究顯示肺癌與建材溢出的氡絕對有關聯性，也是居家空間中刺激物的一種，長期接觸也會引發過敏兒的不適，並且是種難以發覺過敏原，所以就算是選用天然建材，也需要格外留心。

out!

刺激物

採光好 環境濕氣不來

將客廳、餐廳、廚房一字排列，並用透明拉門突顯內凹的書房，強調出中空的感覺，拿掉公共空間中的所有阻隔，陽光能順利從採光面流入，分享至場域的每個角落，讓位處山邊的濕氣能順利排除。

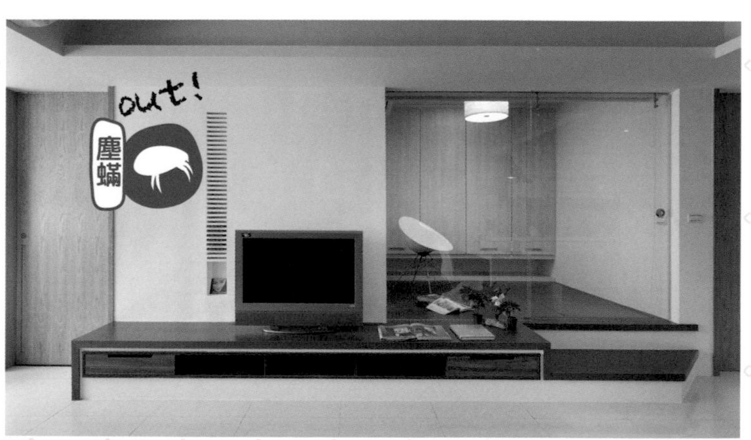

化繁而簡 塵蟎難生存

將空間中彼此相關的機能區塊分類、整合、化繁為簡，利用書房的地板架高、不佔用多餘空間、並做為收納的方法，用最簡單的設計完成最完整的生活機能，用小坪數成功換取大空間，在沒有複雜的設計後，也減少了灰塵和細菌孳長的角落，給孩子一個寬敞健康的開心遊樂場。

都市叢林不開窗也享好空氣

實際應用篇6
偏頭痛、噁心不要來

熱循環交換器+系統櫃+木炭

圖片提供｜築居空間美學館

因為系統板材施作簡單、通過安全檢驗、變化性大，如果又遇上家中成員有過敏問題，便成為許多屋主裝修空間的首選，但因為現在的居住環境多在擁擠的都市，封閉的氣密窗可能一關上了就不會打開，如何在建材使用得宜之後，還能保持室內空間舒適，便成為現代人裝修時的最大問題。

全熱交換器和氣密窗杜絕濕氣

城市中不僅鄰棟緊密、空氣不佳、汽機車惱人的噪音也讓人煩躁，往往氣密窗一關上就不想打開，但如果不開窗又無法把空氣中的溼氣循環交換，那便只能借助全熱交換器協助空間換氣，通常全熱交換器藏於天花板，並藉由出氣孔達到戶外空氣和室內空氣交換的目的。

打造抗敏居家小提醒

你以為依賴空氣清淨機或全熱交換器就能達到淨化作用？錯，在使用的同時，最重的是記得機器需要定期維護保養、尤其是保持進出風口的乾淨，否則原本用來維持空間舒適的機器，便會成為細菌孳生的溫床，那就失去空氣清淨機或全熱交換器的作用了。

濕氣 out!

不用現場施作粉塵少

系統板材在空間中的施作簡單，不需另外黏著或裁切，即使是木皮也會在工廠先施工完成，所以在居家空間中只需組裝固定即可，不僅不會有黏著劑滲出刺激物的可能，也減少粉塵產生，給空間單純健康的環境。

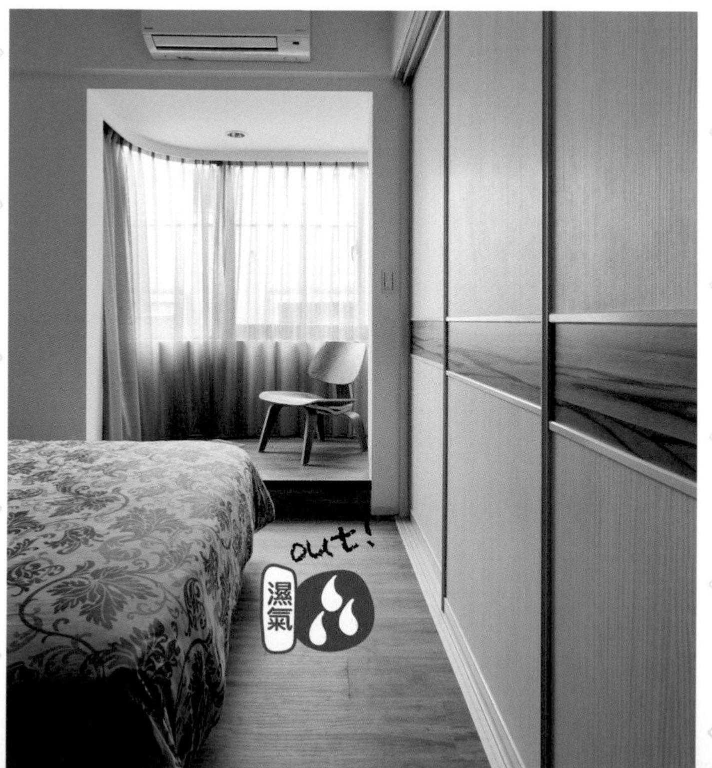

天然木炭吸濕除臭

無論是臥榻、和室或是架高地板，底下往往會有看不見的潮濕問題，這時如果可以擺上幾塊天然的木炭或竹炭都可以達到除濕功能，當木炭吸飽水氣後，可利用日光曝曬方式回復其吸水功能，便能持續重複使用。

清潔好夥伴 整齊乾淨黴菌、塵蟎不再來

家電選購推薦

打造抗過敏居家最大的重點，就是維持空間的乾淨整潔，雖然看似簡單但是沒有厲害的「武器」幫忙，恐怕也難以達到，不論是擁有HEPA的專業等級、高效能的潔淨馬達或是國家檢驗的認證，選對幫手就開心揮手和過敏原Say goodbye！

Q 空氣清淨機是否真的能幫我維持空氣清新，並且有殺菌功能呢？

A 維持空氣清淨機的濾網、出風口的乾淨，在限定的坪數內確實能達到消除空間臭氣以及殺菌的功能，但是對於不會隨時在空氣中飄飛的塵蟎來説是較難達到成效的。

Q 用吸塵器就可以吸起塵蟎嗎？塵蟎會不會再跟著清掃吸塵器時回到空氣中？

A 把吸塵器的吸頭維持乾淨，可以用來打掃寢具和布沙發，減少塵蟎的滯留，但是要注意選擇的吸塵器種類，不要有和空氣對流的出風口，以免塵蟎二次回流。有集塵袋、密封箱的吸塵器也都可以把塵蟎緊緊鎖牢。

1 零死角絕對無塵的打掃方式
改善吸塵器不方便的拖曳方式，以球型科技設計出的新機種，獨特中央轉向系統，機器可以輕易移動而不受到角落及地毯阻礙、甚至是急轉彎都可以靈活彎轉，搭載專利氣旋科技，能較其他氣旋分離出更微小的灰塵。(DYSON／恆隆行)

2 三段濾淨層好看好用
第一層前置濾網捕捉較大微粒、第二層HPP高電位極淨濾網補捉病毒細菌、第三層活性碳濾網捕捉臭氣和二手菸，來自瑞士的設計，全天候安靜無聲打造健康居家。(stadler form／Luxury Life)

3 比F1賽車快上五倍的超級馬達
數位馬達DDM轉速高達104,000 rpm，是F1賽車引擎快上五倍，一般手持式吸塵器大多利用濾網去分離灰塵，DC34採用多圓錐氣旋科技，利用強大的離心力甩出灰塵。連肉眼看不到的微塵，都會被產生的離心力甩出，吸力更不會因此減弱。(DYSON／恆隆行)

4 聲光俱佳 空氣清淨一物二用
經科學實驗證明的情境照明、音樂程式和創新的空氣濾淨技術，不僅提供清新乾淨的居住空間，即便工作生活再緊張忙碌，依然享有更佳的睡眠品質，同時完成高效空氣濾淨的效果。(OSIM)

5 美型除濕環保節能
根據台灣氣候及環境差異所設計的除濕機，環保節能、除濕恰到好處。不同空間所需的濕度也大不同，一般強力除濕忽略人體舒適，可應依照家庭格局所堆置的家俱物品及使用習慣上的不同，設定適當的除濕範圍。(Panasonic)

6 專利HEPA技術能有效去除微米級細菌
使用了瑞典國寶級的專利的HEPASilentPlusTM技術，通過能源之星及AHAM清淨空氣輸出率認證（CADR），能99.9%有效去除微米級的細菌、病毒、真菌、黴菌、塵蟎、花粉、寵物皮屑、煙霧及揮發性有機物質。(Blueair／來思比科技)

7 毛髮剋星避免二次過敏
完美管家毛髮剋星簡化了清掃毛髮時的繁瑣步驟，平常需要好幾分鐘以上才能夠清除的堆積毛髮，現在只要腳踩5秒鐘即可有效清除，讓吸地除塵後對抗毛髮不再是煩人的事情，同時也大大減少誘發二度過敏的可能。(Electrolux／伊萊克斯)

8 超高效集塵完美隔絕塵蟎
瞄準亞洲的家庭及使用者體型量身打造極輕、極迷你的頂級規格吸塵器，僅4.5公斤重的旗艦機種，擁有三層高效過濾系統，五層專利e-bag強效不織布集塵袋，整體可達99.9997%的超強過濾效果，專利封口設計，讓灰塵完全不沾手，百分之百不外漏，徹底杜絕過敏原。(Electrolux／伊萊克斯)

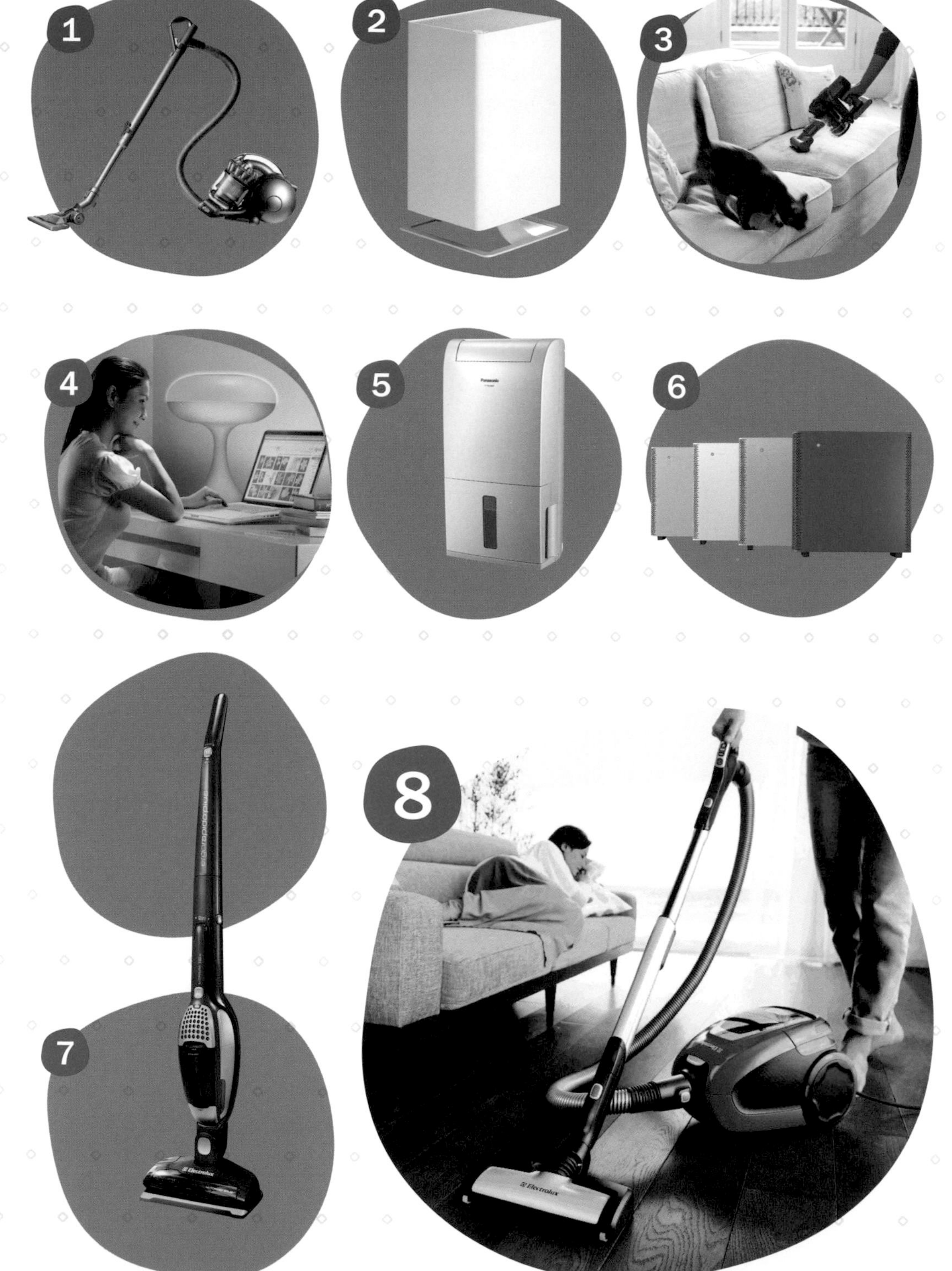
1
2
3
4
5
6
7
8
Electrolux

擁抱好情人 同床共枕不再打噴嚏

寢具選購推薦

最怕瞌睡蟲來襲卻遇到過敏大軍的搗蛋，弄的一把鼻涕一把眼淚讓人難安眠，還好現在寢具類也都針對過敏原提出不同的解決方案，讓我們和這些寢具情人們每天共枕眠，舒服不過敏。

Q 寢具產品時常標榜有抗塵蟎的效果，這是指什麼意思？

A 以前的抗塵蟎處理通常是使用微生物撲殺劑或化學藥劑，含有潛在的毒性，洗幾次後也就會失去效用了，請使用不經由化學殺蟎劑處理的寢具，以天然、通風、或經由法國過敏防治協會(l'Afpral)推薦的品牌。

Q 枕頭用天然羽毛、合成纖維還是乳膠枕才抗過敏？

A 針對天然羽毛和合成纖維的使用，在幾位過敏學專家的研究爭論後，目前仍無法斷定這兩種材質哪種才容易誘發過敏，所以請以選擇抗塵蟎的寢具套來包覆枕心，或定期做清潔維護才是上策，而乳膠枕的使用則是要注意乳膠過敏的問題，使用方式比照天然或化纖枕。

1 優雅好清理打造舒適居家
以一貫的英式優雅風格，深擄人心，頂級的織線緹花講述來自義大利畫家波提切利的知名作品「春天」的設計，以好保養、好清潔的實用態度，讓維持頂級寢具簡單容易，經常更換才是絕對的抗過敏之道。(WEDGWOOD／僑蒂絲)

2 杜邦纖維防蟎防菌
由美國杜邦公司推出經改良過的「杜邦纖維」(HOLLOFIL)，經過特殊的加工處理，觸感輕柔保暖富彈性，提供更佳的透氣性，並經過防塵、防菌、防蟎處理，非常適合台灣的氣候，屬於杜邦纖維其一的七孔超細纖維(Quallofil)，透氣性更好且充滿蓬鬆彈性，是過敏體質的首選。(EBC／日比)

3 調解溫濕度MIT保證
除了完美睡感，從頭到尾MIT設計製造，在床墊的面布上使用天然天絲和進口的機能布，完美調節溫濕度比例，並經過特殊抗塵蟎處理，指要定期用吸塵器清潔，便能永保如新。(beverly／凡達床業)

4 隨時都能好清潔常保乾淨舒適
抗菌聚酯棉立體縫線棉被講究清潔感，能整件放入洗衣機清洗的棉被，全年皆適用的二件式組合，內裡採用抗菌加工過的棉花。經由特殊的剪裁與縫製的角度，能使棉被更貼合身形，讓棉被內的暖空氣不易消散。(MUJI)

5 吸溼隔熱觸感更舒適
完美發熱被採用40%日本Eks+60%遠東衣絲龍，優點有良好彈性回復力、手感柔軟滑順、保溫性佳和高蓬鬆性，強調更輕更暖更貼身。除此之外，吸濕性佳、隔熱性強、持續性發熱、優異的難燃性和分解汗水和氣味能力。(東妮寢具)

6 銀離子和奈米技術有效殺菌
以奈米科技技術，將奈米液化銀添加至紗線中，銀粒子特殊的殺菌功能有效的抑制細菌孳生；並且經過FDA認證，不會對人體產生刺激與過敏，並附有品質認證吊卡。(WENTEX／日比)

7 抗菌防蟎的超細纖維
德國最大聚酯纖維廠Advansa所研發「Suprelle」是市面上所有抗菌防蟎效果最優異的材質之一，經法國laboratoire tec實驗室、法國ifth紡織品研究測試中心、德國ISEGA實驗室實驗證實，具有防蟎抗菌之效果，非常適合過敏體質使用。(TRUSSARDI／日比)

8 防沾附隔絕突破化學殺菌
獨家利用「防沾附隔絕工程技術」開發出的「潑水羽絨」，能使微生物自纖維表面直接滑開，降低微生物沾附，更不會有屍體殘留問題，大幅降低過敏可能性。製程更榮獲最高等級的紡織品環保標準瑞士Bluesign認證。(BBL Premium／光隆實業)

1
2
3
4
5
6
7
8
BBL

好好睡覺篇

住宅知識王

買對寢具
讓你舒眠一整晚

埃及長纖棉+輕盈羽絨被+天然擴香
提升睡眠好品質

法蝶媒體總監 宋可欣

學的是室內設計，擁有獨到的美學涵養，最重視臥室與浴室空間，一天花2個小時享受泡澡獨處的時光。

資料提供｜法蝶

人的一生至少有三分之一時間在睡覺，與肌膚接觸的寢具材質、棉被好壞，徹底影響睡眠品質，對寢具有獨到見解的法蝶媒體總監宋可欣，教你從材質、清洗、選購方面，挑選出能睡得舒服的寢具以及能營造放鬆生活的配件。

Q：什麼樣的寢具材質能達到放鬆效果？

｜材質｜ 想要睡得舒服，一覺到天亮，肌膚需要更細緻、輕盈的觸感，應選用天然材質，例如精梳棉、棉麻混紡，尤其是來自埃及Giza流域生產的精梳棉，棉花的纖維長、體積也較大，手感觸摸十分柔軟細膩，且彈性好、吸水性佳。

｜紗支數｜ 並非一般認知是越高越好，紗支數高表示緊實度越好，其實反而會不夠柔軟，甚至在身體摩擦時產生唦唦唦的聲音，更令人難以入眠，建議挑選紗支數約500~600之間，身體能獲得最佳的舒適性。

｜易流汗體質｜ 可挑選棉麻混紡寢具。高吸濕透氣，以及保暖度佳，很適合台灣四季分明的氣候。

｜清潔保養｜ 寢具應兩個禮拜清洗一次，特別像精梳棉材質洗完反而會更蓬鬆、有彈性。

Q：台灣悶熱又潮濕的天氣，哪一種棉被睡起來舒服？

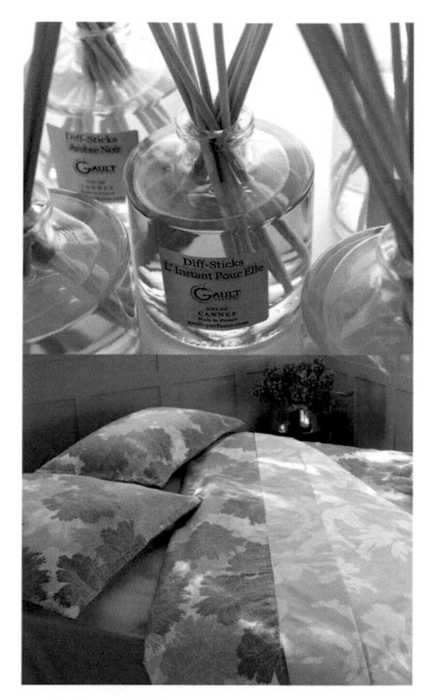

材質 很多人晚上睡到一半常常會「踢被子」，那代表著你蓋的被子並不透氣，當熱氣被悶住身體，不自覺地就把被子踢開，最適合台灣四季皆能使用的當屬羽絨被。

挑選羽絨被秘訣 第一要檢查羽絨被的表布是否有防絨處理，及表布材質，以頂級雁鴨羽絨被來說，用的是德國蠶絲表布，能將保暖的空氣留住，也能讓被子多餘的熱氣、濕氣散出，第二就是輕輕拍打、抖動一下羽絨被，檢查會不會有細小毛屑飛出，或是有無任何異味，以及用手輕摸羽絨被，有彈性的保暖性才好。

羽絨被價位 羽絨被根據採集地方區域、身體部位的差異，產生價格高低之分，雁鴨、鵝、鳥類從頸部至腹部之間的羽絨最保暖，而兩側翅膀則是保暖度最差的羽絨梗，目前全世界最保暖的羽絨被是來自冰島艾德雁鴨，僅有600公克，且放在身上三秒就能立刻散發微熱溫度，對於羽絨被的合理預算，過於便宜的羽絨被其實保暖度、散熱度並不好，反而必須每2～3年更換，不妨先從一萬五千元的入門款選購，相對也更為耐用。

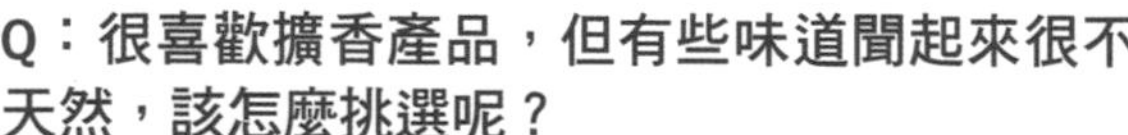

Q：很喜歡擴香產品，但有些味道聞起來很不天然，該怎麼挑選呢？

擴香挑選原則 選購擴香產品時要注意精油是否為天然萃取，以及注意擴香枝材質，目前市面上有竹皮、蘆葦，最好的是蘆葦材質，因其擁有很多氣孔，可發揮如同樹木般天然的散發香氣，讓香調自然的瀰漫在空氣中。

運用建議 不同氣味能帶領人們走入各種想像的場景，達到紓壓、放鬆的效果，香氛，也是區隔空間的隱形動線，玄關選用的是海洋礦物氣味，令人一回到家有如置身海邊、沙灘般的輕鬆愜意，公共廳區搭配含有奶油、佛手柑、檀香的香味，讓空氣更加清澈，彷彿沉浸森林浴，臥室則選擇亞麻結合胡蘿蔔精油的純淨，以及鳶尾花、木香調性，放鬆且充滿法國宮廷異想氣氛，浴室就搭配玫瑰氣味，製造浪漫的泡澡氣氛，透過讓自己感到舒適的氣味，產生旅行異國的生活情趣。

臥室、浴室還能這樣放鬆身心⋯

1. 可透過色彩繽紛的毛巾、造型腳踏墊，創造豐富有層次的空間感。
2. 選擇輕盈且柔軟的毛巾材質，同時應具備良好吸水性與揮發性，以及使用環保天然染料處理，當臉頰、雙腳接觸到毛巾或是踏墊時，肌膚立即就能感受舒服知覺。
3. 沐浴用品質地也會帶來更加愉悅的獨處時光，比如說以天然椰子油、油木果油、蘆薈手工製作的香皂，不但泡沫細緻，又能達到滋潤、保濕肌膚的效果。

採光技巧 ▶ 拓寬動線

隔音技巧 ▶ 書房隔間

通風技巧 ▶ 活動門片

舒壓技巧 ▶ 花卉主題

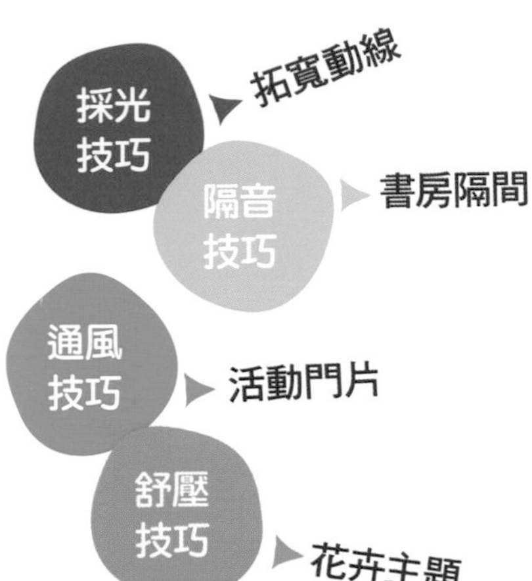

散步浪漫白屋 感受春意盎然的生命

由於屋主不喜歡屋內有陰暗角落，因此從客變期開始重劃格局，除了先刪除無採光窗的走道，使之成為書房加寬的籌碼，進而將書房提升為住宅心肺，將氣流、採光與噪音…等等有危健康的問題格局，通通在書房內一併解決，最後再搭配以白色為底的春色花漾空間配色，讓優雅的美式住宅除了賞心悅目外，更創造出健康與旺盛生命力的空間體質。

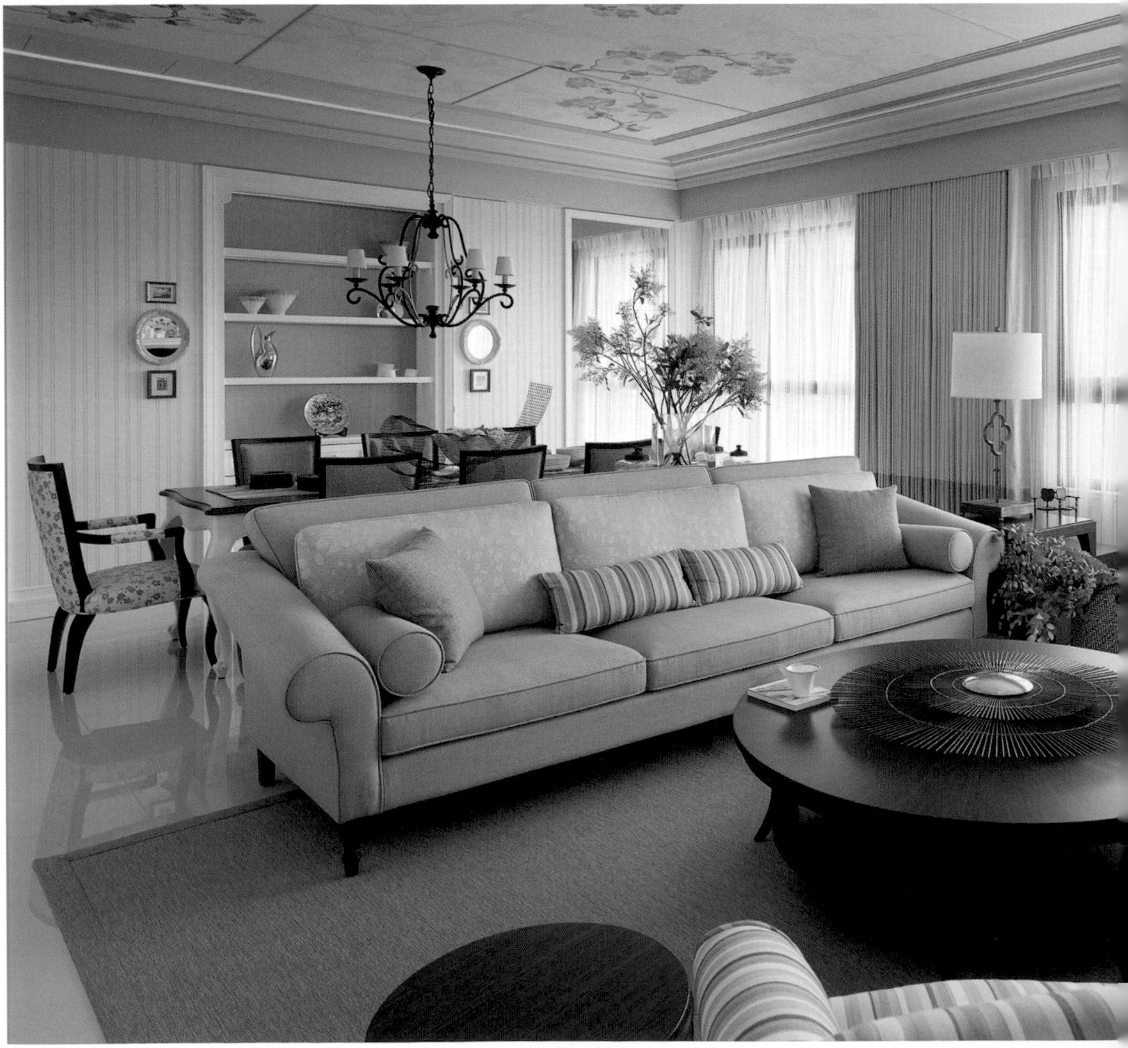

採訪｜許軒鎧　設計暨圖片提供｜城市設計

1.以雙倍的大面落地窗來吸納大量光源，讓整個以白色基底的空間能展現屋主期待的明亮。
2.白色空間搭配金色圓鏡讓玄關也相當明亮、朝氣，另外以白色線條裝飾的牆面與布沙發相呼應，形成設計趣味。

2

1

城市設計　陳連武

電話：02-87122262
地址：台北市民生東路四段97巷2弄2號2樓
網站：www.chainsinterior.com

好明亮，無黑暗角落的白色住宅

對於健康與環境要求相當高的屋主夫妻對空間的第一個期望，就是要明亮、無黑暗角落。因此，在預售屋作客變規劃時，設計師便先將原本受四房格局所壓迫出來的狹長走道擦掉，而重新規劃出三臥房加一大書房的格局，除了可減少陰暗走道外，也使書房因納入走道而變寬敞，同時原本即有三面採光的格局也幾乎沒有死角，無論是光線或動線都因此有了全然不同的改變。此外，整個空間採用白色天、地、壁為基底，搭配了清淺而甜美的粉綠、粉紅、粉藍及花卉等色彩來定義不同空間，亦增加住宅的明亮度與生命力。

空間形式：電梯大廈
室內面積：53坪
室內格局：三房兩廳、書房
家庭成員：夫妻
主要建材：壁紙、低甲醛板材、拋光石英磚(膠填縫處理)、木地板、磁磚、木皮染色、磁磚、低甲醛膠

4

5

3

好通風，好氣流調節溫濕度更健康

書房位於客廳與臥室的動線上，而將走道納入書房後，原本容易滯留穢氣的走道，直接被書房臨陽台的大面採光窗所消弭了，另一方面，串聯客廳的玻璃門與聯接主臥室的白色門片則有如調節全室氣流的雙閥門，而書房就像氣場調節中心般，在夏天可迎入西南風向的窗，讓室內更通風涼快，而冬天則可關上東北風向的門，避免濕冷的空氣，如此靈活而方便地控制空氣對流，再搭配充足的陽光與開窗，房子一年四季都能維持健康而舒適的環境。

好安靜，利用書房來隔絕室內噪音

空間噪音也是健康環境的一大干擾，為了解決室內噪音，許多人會加強牆面的厚度規格，而此戶的防噪設計則是利用位於房子中間位置的書房來區隔客廳與私密臥室，就像是在二個空間中插入一處中介的空間一般，使外界的聲音完全不會影響臥室內，讓臥房安靜度更提升。此外，在書房旁有一間多功能和室，除了可作為客房外，也是屋主做瑜珈運動的專屬區域，因此，特別以木地板規劃，讓居家生活也能有更健康的一面。

3.白色客餐廳中僅以家具、燈飾做出勾勒線條，甚至餐桌也以白桌腳來減輕量體感，使整體更輕盈。
4.原本走道位置被納入書房後少了陰暗角落，同時經由客廳與臥室的雙門開闔還可順利調季節氣流。
5.全室內運用不同色彩來暗示各區域的屬性，如粉紅色的餐廳或卡其白與花卉的客廳。
6.書房內採鄉村風元素與藍色調設計，展現休閒且寧靜的氛圍。

6

8

9

7

五感放鬆，粉嫩花樣有如春風吹拂

選擇白色為基底的設計，除了希望營造出更明亮而優雅的環境外，也考量整體空間的色彩搭配。設計師陳建武說明，色調的定案是起源於女主人英文「Flora」的寓意：花之女神，為了展現這份氣質，在客廳電視牆與天花板均以大小不一的花卉壁紙做主題，而餐廳則有粉紅色壁櫃，再搭配公共區粉綠色為底的綠色窗簾，以及如枝椏叢生的牆立面線條，讓空間生氣盎然，完全符合女主人的個人特質，同時柔美而優雅的空間畫面，在視覺美感面與心理層面上也達到五感放鬆的效果。

住宅知識王

1.現代住宅中多採用間接光源設計，但間接光必須藉由凹槽或角度設計來折射光源，極容易產生藏污納垢、又不易清理的死角。

2.此戶特別採無間接光源設計，無論是客廳或房間內的天花板均以LED燈搭配蓋板作直接光源規劃，避免灰塵堆積，使空氣更清新健康。

7.主臥室即使更衣間與浴室門內也增加鏡面設計來反射光線，讓房間如同雙面採光般的通透、明快。

8.多功能和室平日是屋主做瑜珈的空間，有訪客時則可作為客房使用。

9.次臥房選擇淺灰綠為主色，展現理性優雅的設計，而全室均採加蓋的直接光源，避免灰塵暗藏燈槽中引發過敏。

省能技巧 ▶ 玻璃引光

舒壓技巧 ▶ 自然建材

控溫技巧 ▶ 吊隱式空調

保健技巧 ▶ F1級板材

選對建材 輕鬆徜徉優質綠生活

掌握住基本要素：無毒、自在，健康居家不一定得花大錢才能擁有，把預算花在精確刀口上，選擇低甲醛安全板材和材料，搭配替代建材輕裝修，安心無毒、高質感雙雙具備。無壓設計和樓層半獨立格局規劃，兩代家庭成員的全家和個人生活並存，彼此既親密又獨立，心情放鬆，人就健康。

採訪｜溫智儀　設計暨圖片提供｜法柏設計

1.明亮自然採光照射下，大理石電視牆突顯寬闊大器。除了修飾樑與做間接照明，盡量維持天花板高度，避免壓迫感。
2.玻璃拉門必要時可阻隔油煙逸散，良好的透光性消除封閉感。拉門方式減少浪費門片迴旋空間，維持空間寬敞無礙。

2

1

法柏設計　徐慶豐

電話：02-22477449
地址：新北市中和區圓通路33號9樓
網站：www.myhome168.com.tw

慎選材料，打造低甲醛無毒安全宅

近年環保意識抬頭，傾向資源再生概念，系統板材便是由多種碎木材重新聚合而成的塑合板，製作過程不需砍伐巨木，亦可利用再生木，因此又稱為環保板材。以前板材為了緊密黏合，使用的黏著劑中含有甲醛，散發出所謂「新家的味道」，近年證實甲醛對人體多方有害，因此裝修材料絕對要選擇低甲醛產品。在設計師堅持嚴格把關下，全室皆使用符合國家最低甲醛標準的F1級板材，包括壁紙、塗料也都是經過精挑細選，看不到的地方也環保無毒，住得才安心。

空間形式：透天厝
室內面積：100坪
室內格局：四房兩廳
家庭成員：夫妻、1子1女
主要建材：矽酸鈣天花板、 拋光磚、海島型木地板 、低甲醛系統塑合板、環保塗料

3.吊隱式冷氣使開放式空間維持完整美觀，另做迴風，幫助空調達到最有效運作，均溫舒適，不浪費多餘電能。
4.風化木電視牆增添自然感，鏤空部分的間接照明與懸空電視櫃，輕量化了電視牆大面積的存在。
5.三樓起居室優雅放鬆，適合居住於此樓層的屋主夫妻及長輩。仿蛇鱗板材豐富空間壁面，成為視覺焦點。

3

自然淡色，營造放鬆居家消除壓力

全家都是上班族，希望回到家能夠擺脫工作壓力和辦公室的狹隘感，於是藉由輕色彩、自然感材質以及設計手法消除壓迫感。選用淺色做全室基調，展現輕快調性。多使用石材、木紋等具有自然感的材質，例如客廳電視牆及沙發背牆皆以大理石打造，起居室則用風化木電視牆面，分別營造出寬闊大器、溫馨輕鬆氛圍。天花板僅做簡潔間接照明，保留樓高，起居室選用厚薄恰當的板材，避免壓縮與電視之間距。櫃體懸空不落地，製造輕盈視覺，另一方面方便清理。

4

5

6.三樓的主臥室以繃布床頭板呈現奢華典雅。利用房間邊緣規劃出一間小更衣間，使用動線方便。
7.主臥室另一端利用畸零角落設置足夠的收納櫃體和梳妝檯，側拉鏡不使用時可收起，不會阻擋窗外好採光。
8.四樓起居室電視後方的壁面以仿假磚板材打造，一方面節省預算，一方面也避免貼磚增加牆壁的厚度。

6

替代建材，有效控制預算兼顧美觀

雖然環保板材較一般板材價格稍高，但是健康不能省，想控制裝修預算可以選擇用壁紙，是提升質感和風格最經濟的方式。造型板材也非常好運用，像是四樓起居室，以仿假磚板材取代實際貼磚，逼真的視覺效果一樣成功營造氛圍。因為長輩喜歡木地板，設計師選擇海島型木地板鋪設長輩房，價格比實木地板便宜，又不太會膨脹和縮水，非常適合台灣氣候。設備方面也有技巧，設置吊隱式空調，另做迴風，增加循環功能，室內不會忽冷忽熱或溫度不均，使空調以最節能發揮最有效運作。

7

8

10

11

9

善用玻璃，分享採光節省開燈能源

房子本身採光就不錯，沒有嚴重西曬問題，開窗也夠，通風亦佳。持有這樣的優勢，在格局規劃上不多做多餘的實體隔間、不分割窗戶，並且確保每個空間都享有採光。客餐廳便採完全開放式，透過大面玻璃全室明亮，廚房僅以彈性玻璃拉門做適當區隔，因應飲食習慣以傳統中式為主，大火快炒時保持室內無油煙味。三、四樓各規劃有臥房及專屬起居室，如同半獨立空間，兩代家庭成員生活自在。利用臥室角落隔出更衣間，玻璃拉門讓光線穿透，即使拉起門也不必開燈。

住宅知識王

1.壁紙施工過程中若沒有保持乾燥，不僅日後會脫落，更有可能造成壁紙、壁面發霉。
2.必須注意施工現場通風良好或以空調保持空氣流通乾燥，也要確定壁面乾燥再張貼壁紙。因為溼度高的狀態下，黏膠無法乾固，且易發生發霉現象。

9.屬於孩子未來結婚後的空間，因此風格較為中性悠閒。床頭板嵌入鏡面平衡空間色彩，增加層次感。
10.更衣間的玻璃拉門，中間半段採霧面保持隱私，上下段各用透明的玻璃，良好透光性，拉上門不開燈，光線仍夠充足。
11.四樓臥室的L型梳妝檯面，增加檯面靈活使用空間，擁有足夠自然採光，亦可以當做書桌、工作桌使用。

【慢宅篇】

1

實際應用篇

散步→狹長老街屋【中庭天井＋環繞動線】把家變成森林散步道
曬太陽→獨棟別墅【低矮窗檯＋隱形收納】把家變成北歐陽光屋
在家喝茶→綠蔭大廈【回字格局＋室內造景】把書房變成人文茶館
在家閱讀→電梯大廈【環狀格局＋戶外陽台】把家變成閱讀咖啡館
在家泡湯→面山公寓【開放格局＋自然素材】把陽台變成露天風呂
在家聽音樂→老舊公寓【主人格局＋專業音材】把家變成音樂廳
在家拈花惹草→電梯大廈一樓【繽紛花園＋寵物樂園】把家變成城市峇里島

住宅知識王・植栽淨化篇

神奇的植栽淨化術！擺對盆栽讓家空氣好清新

第三章 春放鬆

【浴室篇】

3 實際應用篇

【陽台浴室】與戶外自然直接接觸
【房中浴室】浴室也是一種居家風格
【封閉浴室】打開浪漫的浴室生活
【開放浴室】樓梯下的透光沐浴
【老長屋浴室】衛浴變身SPA風呂
【外推浴室】在浴室中欣賞日月星辰

4 住宅知識王・病屋防治篇

7大警訊提醒你遠離「病屋症候群」
空氣、水與電磁波 不可忽略的買屋裝修需知

5 選購篇

舒活設備選 為浴室增添自然元素
人性智慧選 來自科技技術的療效

6 居家空間示範篇

舒樹梢上的自然盛宴 與友共享緩慢時光
漫步於活力光廊中 舒壓健康的養生豪宅

春天，就該慢下步調、享受生活！

增強家人親密感、消除緊張
平衡自律神經與抗老化的慢宅裝修術

什麼是慢宅？慢宅提供的是一種空間意識形態上的慢。慢宅的設計，讓你在進入場域後慢下來，細緻琢磨一種悠哉的感受。正由於城市生活離不開快，而我們內心又強烈地需要慢。能在「快」、「慢」之間，於第一時間內切換居住的空間，即是慢宅。

上午 10 點
在家曬太陽

上午 11 點
在家聽音樂

下午 3 點
在家喝茶

慢宅，第一時間內切換「快」與「慢」

不同人、不同住家就有不同的慢宅感受。就設計看來：慢宅是融和生活方式、體現居住環境、促進身心健康等多面向的總合。在空間格局、動線規劃與收納上特別注重流動與通暢感；而建材的使用也以木材、石材等自然材質為主；在氣氛的營造上則注重自然景觀的引入、光影的層次變化。讓慢宅主人能舒鬆、緩和、平衡副交感神經，更棒的是，藉由慢宅設計，慢慢蘊釀家人的好情感。

慢宅vs.一般宅

	慢宅	一般宅
心理層面	經由行為或設計推力的引導，專注於當下，進而放鬆心情	主要提供居住安全
健康層面	藉由行為本身，讓身體放鬆與緩合，達到健康的功效	以休息、睡眠為主
空間層面	格局：為了行為或喜好而特別設立空間 動線：流動的、有機形態 收納：營造清爽的視感	格局：以客廳做為生活重心 動線：多為直線或單方向 收納：空間的主角
光影層面	善於利用陽光及自然光線，就算在室內空間中也讓人工光源作為輔助	以人工光源為主，燈光設計變化多
景觀層面	善於利用室內或戶外的自然景觀，帶領人親近自然	以靜態、陪襯居多
建材層面	採用大地色系、自然親膚性的建材	以好清潔、易維護為主

圖片提供｜玉馬門創意設計

下午4點 在家散步

下午5點 在家泡湯

傍晚6點 在家拈花惹草

晚上7點 在家閱讀

在家散步→平衡心情，清晰思慮

狹長老街屋【中庭天井＋環繞動線】把家變成森林散步道

一家五口住在長型街屋的老家中，隨著孩子相繼出生與就學，老舊、陰暗與封閉的生活格局越來越不好用，也讓屋主覺得不健康。因此，相即設計的呂世民設計師，於住家空間中設立露天的中庭，納進自然天光，並將圍繞中庭而設的生活空間以透明玻璃進行開放式設計。如此一來，每處空間不僅擁有自然的採光，也能欣賞庭中美景，好像住在樹屋中。

下午4點放學後

先把書包拿回三樓臥室，再到一樓中庭騎腳踏車

呂世民設計師將整體空間區分為三大區塊，一樓是停車、工作與中庭天井；二樓則是客、餐廳的公共空間與主臥房；三樓才是孩子們的個別臥房，讓家庭生活層次顯著，親疏有別。

「飯後百步走，活到九十九」讓散步與健康長壽劃上等號

1.散步不僅有益健康，也有助於腦部精神的發展。
2.散步更可平衡心情、清晰思慮，難怪德國哲學家康德，每天下午3點半一定要外出散步。

圖片提供／相即設計

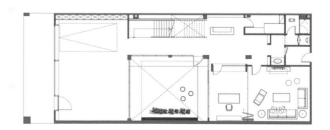

打造慢宅關鍵元素

如何讓家變身人文茶館？

Tip 01. 【好景觀】用中庭引入自然氛圍

中庭植栽＋戶外長廊，讓家在森林中

以天井引入暖暖自然光，並運用竹林、石牆和卵石打造日式中庭，而二樓更以木棧道構築戶外長廊，讓屋主不用出門，在家就能散步、賞景。

Tip 02. 【好格局】讓中庭變成家的心臟

ㄇ字型動線＋之字型樓梯，在家就能散步

設計師將中庭定義為「家的心」，讓所有的生活空間都面向中庭而設置，造成ㄇ字型的環繞動線，雖然路徑上略微曲折又繞路，但拉長了空間的尺度，也延長了時間的軸線，讓家中的孩子有了更多奔跑的空間，也轉折了回家的心情。

風雨走廊有情調

讓人非常意外地，要從二樓的客廳通往主臥房，得經過一段沒有遮蔽的走廊。設計師笑著說：這樣不是很羅曼蒂克嗎？

在家曬太陽↓獲取維生素D，感冒out

獨棟別墅【低矮窗檯+隱形收納】把家變成北歐陽光屋

對於一家三口來說，什麼是純粹生活的本質？從事工業設計的屋主對於設計細節的精準度及比例平衡相當講究，因此，玉馬門創意設計的林厚進設計師以「減法」為設計根基，刪除不必要的元素後，經由比例及質感的注重、生活手感的呈現，完成充滿生活感及溫馨的場所，讓家中所有的角落似乎都因純淨日光而放鬆。

上午10點　曬完衣服，到廚房泡杯茶，再到窗檯邊休息一下

L形的大面採光從客廳起始，90度角、無遮蔽地從柱體轉角延伸至餐廳，配合全面透明採光窗到低窗檯設計，是結合生活機能與調光的最佳設計。

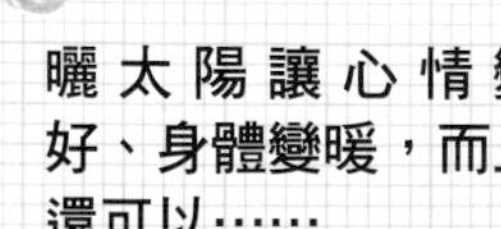

曬太陽讓心情變好、身體變暖，而且還可以……

1. 曬太陽有助於體內自然產生維生素D，而維生素D對防止傷風感冒、增強鈣質吸收及降低癌症的機率都有幫助。
2. 還可以預防骨質疏鬆、憂鬱症、高血壓及糖尿病等疾病的發生。

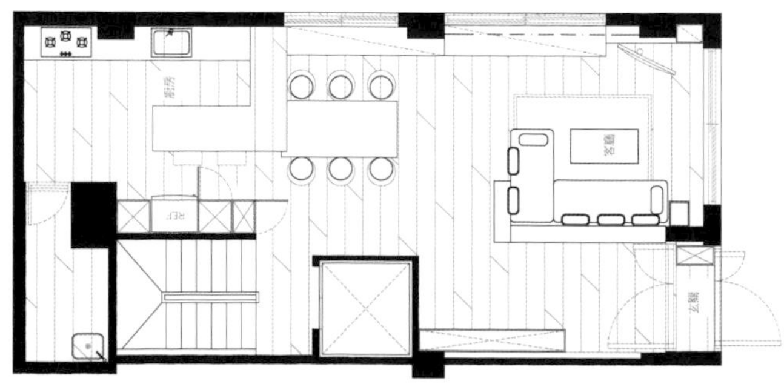

圖片提供｜玉馬門創意設計

打造慢宅關鍵元素

如何打造陽光居所？

Tip 01. 【好格局】全開放式空間

全面透明採光窗＋低度窗檯＋隱形收納，釋放光線、綠意最大值

以開放為設計主軸的公共廳區，為保留完整大面採光窗景，以不銹鋼電視柱取代一般電視牆，並以低矮水平的窗檯，創造自在坐臥的無拘束感，而隱藏於柱體內的收納櫥櫃，讓空間感更簡約與無壓。只需往面對窗景的沙發上一坐，即可享受被陽光、綠意包圍的舒服自在。

Tip 02. 【好建材】注重自然觸感

實木材質＋純白色系，擁有天然觸感住宅

自然材質的檯面與地面，會透過身體肌膚的傳導，讓人感到舒適與放鬆。僅推油處理而不上漆的實木、刻意仿舊處理的松木地板，搭配純白色、大地色系的空間色調，讓空間散發自在愜意的氛圍。

自然光省電又除濕

非常重視自然光的設計師，特別將主臥室內原有小陽台納入使用，讓自然的頂光從天而降，藉由陽光讓空間產生各種光影變化，更絕妙的是還可以除濕。

在家喝茶→悠然自得，抗老化

綠蔭大廈【回字格局＋室內造景】把書房變成人文茶館

單身的屋主，想為來訪的親友設置一處可暫時歇息的客房。但顧慮到親友並不是經常性留宿，刻意留下的客房容易讓空間閒置或荒廢。因此，近境制作的唐忠漢設計師，以臥榻提供休憩功能，並以連續的平台串連至閱讀區，再利用半開放式隔間及室內山水，頓時將書房變身飄香的茶館。

下午３點

好朋友來家裡玩，讓書香及茶香一起飄香

設計師利用靈活的配置手法，將臥榻與閱讀區結合，成為完整的書房空間，然而半開放又具隱密性的空間卻又方便作為親友的臨時居所。

客來敬茶，是待客的最高禮節。而喝茶可以……

1.品賞名茶，遊於色、香、味之間，令人悠然自得。
2.茶對人體的自由基有實質的貢獻，常喝茶能抗氧化、增強免疫力、防止老化。
3.可以降低血脂、均衡膽固醇、防癌等，是保健好方法。

圖片提供／近境制作

打造慢宅關鍵元素

如何讓家變身人文茶館？

Tip 01. 【好格局】空間組合設計變身人文茶館

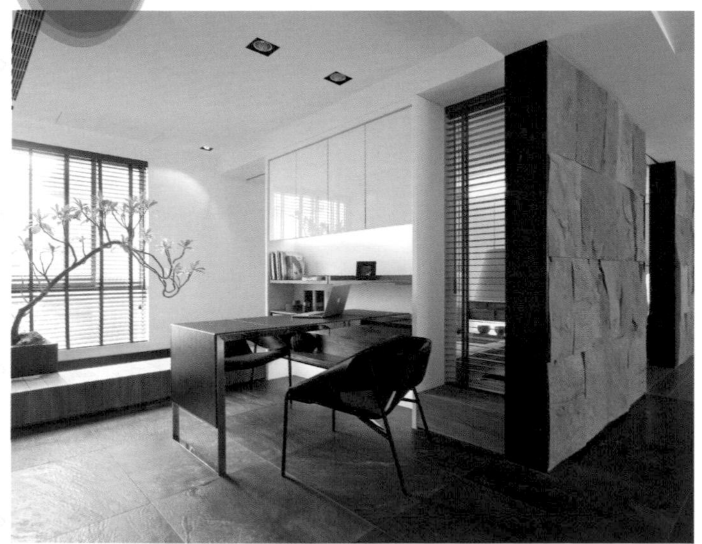

回字格局＋連續的平台，變化空間關係

茶館引人入勝的條件就是靜謐與留白，而在書房的設計，則可看出設計師特意營造如此氛圍。以回字型格局組合的閱讀區與臥榻，分別以開放及半私密的特質顯現，兩者間僅以書櫃、玻璃百葉所區隔，而動線上卻又以平台結合窗邊植栽連貫，將性質相似卻機能不同的空間加以連結，形塑出一個各自獨立卻又關係緊密的場域。

Tip 02. 【好景觀】室內山水回應戶外山水

室內造景，讓家處處是美景

由於基地大片落地窗正好面對戶外的山景，設計師將基地本身優越的自然條件帶進室內，創造出可與自然呼應的空間，甚至以造景的手法回應自然。藉由窗戶的保留、無阻礙的視線，將空間的端景與窗外的綠意相互輝映。

獨居或共處都不尷尬

電視牆左右二道拉門，分別可進入主臥室及書房臥榻，空間既可完全開放，也能以拉門區隔維持了私人空間的隱私。

在家閱讀↓享受獨處時間，充實知識

電梯大廈【環狀格局＋戶外陽台】把家變成閱讀咖啡館

一家三口的小家庭，身為老師的媽媽，希望家裡有處空間能讓她一次包辦所有的事，例如：邊準備晚餐邊陪孩子做功課、邊準備文件邊看電視。因此德力設計的許宏彰設計師，以環狀格局凝聚空間的環節，讓廚房、客廳與書房（與餐廳二合一）形成連續場域，同時也是一個串連室內與戶外的空間次元，讓生活也成為連續的精彩畫面。

晚上 7 點

一邊準備晚餐、一面陪著孩子做功課

為達成屋主的願望，許宏彰設計師結合客廳與餐廳，並以整面書牆點出書房的功能，再搭配開放式廚房與吧台，將所有生活環節連成一氣。

閱讀是一切學習的主要基礎。藉由閱讀……

1.打開一扇通往古今中外的大門，充實知識、增加生活更多樂趣。
2.享受自己的時間、依著自己的步調在閱讀裡探索漫遊。
3.增加我們遭受挫折的能力，畢竟太陽底下無新鮮事，閱讀別人的經驗可以幫助我們克服現在的困難，激勵自己再出發。

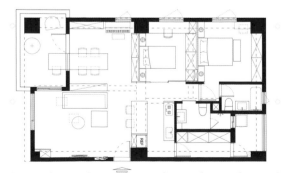

圖片提供／德力設計

打造慢宅關鍵元素

如何讓家變身閱讀咖啡館？

Tip 01. 【好格局】環狀格局凝聚生活環節

矮櫃家具＋串連室內與戶外的大餐桌，在家就能下午茶

客廳與書房，及書房與戶外陽台之間，設計師分別以「矮櫃」與「串連室內與戶外的大餐桌」營造空間的延伸與視覺上的穿透感。懸空的鋼刷鐵刀木書桌一路延伸至陽台，僅以強化玻璃區隔室內與戶外，打造開闊的空間感，與自然合一的場域氛圍，讓人有如在戶外午茶閱讀的樂趣。

Tip 02. 【好建材】色彩帶出生活意境

向晚麥田般的鵝黃色，溫暖家庭氛圍

整體空間以鵝黃色為主色調，輔以中性色的黑、灰、白，塑造出一個靜謐而內斂的空間氛圍。而且原本方形的空間，運用客廳與廚房的鵝黃色、書房兼餐廳的原木色及戶外陽台的綠，串連成傍晚歸家的溫暖意象。

親子互動更多的廚房

設計師運用料理吧台區隔客廳與廚房，並於吧台旁配置座椅，提供更多的互動。讓媽媽在準備晚餐時孩子也能就近觀察幫忙，如此親近的空間，設計師笑說：未來也可以變成私宅廚房喔！

面山公寓【開放格局＋自然素材】把陽台變成露天風呂

在家泡湯→放鬆身心，調和副交感神經

單身的女主人住在木柵山區的公寓中，獨享的生活空間，以自己為主體的生活方式，讓她在決定裝修時，以「回家就像渡假」的概念來規劃。權釋國際設計團隊，針對她簡單的生活需求，將原有格局保留，以美觀的建材來美化空間，並在視野最美的地方，為她打造一處專屬個人且擁有四時更迭美景的露天風呂。

假日
傍晚 5 點

晚餐前，舒服地泡個澡

鄰山而建的公寓，在面山處有一片櫻花林，於是設計師刻意將泡湯的浴池設計在陽台上，並僅以玻璃拉門與客廳相鄰，如此開放、一覽無遺的生活享受，讓屋主的朋友大為欽羨。

在沐浴時人會脫去所有防備，進而……

1. 有時間平心定氣、洗滌煩憂，進而領受自己。
2. 促進血液流通與新陳代謝，柔軟身體並緩和痠痛。
3. 調和交感和副交感神經、放鬆身心，有鎮定的效果。

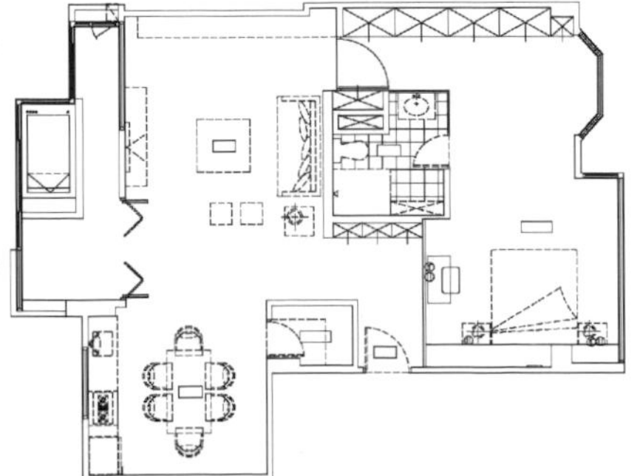

圖片提供／權釋國際設計

打造慢宅關鍵元素

如何把陽台變成露天風呂？

Tip 01. 【好格局】不設隔間直接倘佯於自然

落地門窗＋電視矮櫃，讓泡湯池成為家裡的主要畫面

設計師不將陽台納入客廳使用，反而特別規劃為泡湯休憩區，就是為了讓屋主在家就像在渡假中。泡湯區不只擁有寬大的浴池，更有休憩座位與電視，讓放鬆時間可以更寬適。而且，客廳中不設電視主牆，只以簡單的層板代替電視櫃，極簡的天花與地面、純粹與統一的櫥櫃，簡約的設計手法，只為了讓泡湯區成為家裡唯一的風景。

Tip 02. 【好建材】自然素材的完美搭配

陽光屋＋板岩浴池＋木地板，親膚性的裸身空間

以採光罩及布幔所帶來的間接光線，讓泡湯有如處在陽光下般輕鬆，而窗邊的木百葉及南方松木地板，更增添自然與溫暖，以灰色板岩打造的浴池配上黑色花崗石燒面，彷彿能沉靜所有的紛擾。

留白設計更自由

設計師談到：人才是空間的主體，應該讓屋主多些空間自由發揮，因應不同時期、不同心情更換居家風格，隨著時間的變化，才能讓空間有表情、有溫度。

把家變成音樂廳

老舊公寓【主人格局＋專業音材】

在家聽音樂→消除緊張，平衡自律神經

屋主是位資深的音響發燒客，閒暇時喜歡聆聽古典歌劇，不僅講究樂音的品質，還添購了頂級的音響器材。在移居擁有自然景觀的綠意住家後，希望能打造既具現代自然的生活居所，又能擁有國家劇院等級的頂級視聽娛樂。對於一個都市中的舊公寓需要一處絕對的4×9m音響大空間，讓大雄設計整合原本的玄關、客廳和餐廳，創造出一個可以享有綠意的視聽室。

假日 上午 11 點

用過早餐後，泡杯茶到視聽室，邊看書邊聽音樂

30年舊公寓的規劃早已不敷現代生活使用，於是林政緯設計師拆除原屋格局，將屋主最重視的視聽室規劃在生活重心處，並以面對公園綠地的最佳採光區，讓屋主擁有聽覺與視覺的雙重享受。

音樂讓人消除工作緊張、減輕壓力。而且聽音樂還可以……

1.讓身體放鬆，避免因自律神經緊張失調導致的慢性疾病。
2.提高免疫力、增加神經傳導速率、增強記憶力與注意力。
3.提升創造力及企劃力，尤其古典樂曲對右腦的訓練與發展是很有功效的。

圖片提供／大雄設計

打造慢宅關鍵元素

如何把家變成音樂廳?

Tip 01. 【好格局】二人宅的享樂格局

視聽室＋起居室，專為夫妻倆人而設

設計師將屋主的最大願望擺在生活的第一順位，從大門進入就是視聽室，除了做為音樂專區外，舒服的軟布沙發與鄰窗桌面設計，讓視聽室也是接待賓客的招待區。再者在視聽室之外，設計師為了女主人創造了第二個小客廳，搭配5:1聲道的視聽設備，還連結餐廳及開放式廚房，讓夫妻都能擁有專屬自己的享樂空間。

Tip 02. 【好建材】專業擴散板也能變成造型材

專業音材＋專用機房，媲美國家級劇院

由於對音場的特別需求，嚴格區分所有材質的用途是必須的。設計師從瑞典SMT進口波浪造型的專業擴散板，再於天花處以樂高積木造型的擴散板搭配米色環繞音響，形塑出層次立體的視聽空間，就連地板也依照聲音反射需求的不同而使用了地毯及木紋磚。

美背式牆面收納

在構築了線條感強烈的場域主體後，設計師以呼應的線條打造書籍及CD的收納空間，有如盒子般的立面趣味，搭配銀白色的邊框，就連細節也能顯出低調的人文氣質。

把家變成峇里島
電梯大廈一樓【繽紛花園＋寵物樂園】

在家拈花惹草→接觸自然，舒壓平衡

屋主買下電梯大廈一樓作為新居，其實是為了狗寶貝。擁有許多狗兒，喜歡和它們互動的屋主，希望能給狗兒更多奔跑活動的空間。基於家中人口與狗兒的需求，覲得設計的游淑慧設計師，將空間劃分為平行層次：讓前庭花園圍繞屋主起居生活；而後院空間則專屬狗兒。如此一來，屋主和狗兒就有如住在花園裡，一起享受自然悠閒時光。

傍晚6點下班後

先和心愛的狗狗打聲招呼，再到花園澆澆水

一樓庭園的空間以客廳為起點，圍繞主臥房、主臥衛浴，連接後院到家事區及寵物室。然而游淑慧設計師將前、後院明顯劃分規劃，為的是避免狗兒破壞前庭花園，以及狗兒自行從前院走失。

接觸大自然是永保健康的秘訣，不過在擁擠的都市生活中該怎麼做？

1. 在家做園藝或養寵物，對生活的舒壓平衡就很有功效。
2. 透過「園藝治療」的情境，還可以帶來生命力與期待感，重新發現生命的長處。
3. 寵物不僅是好朋友，在孩童時期接觸寵物，也可減少過敏的狀況。

圖片提供／覲得空間設計

打造慢宅關鍵元素

如何把家變成城市渡假地？

Tip 01. 【好格局】內外有別的生活層次

曲折動線，讓花園更有層次感

原本從玄關就可直接進入前院花園，但設計師以高低的流水造景成為半遮蔽的隔屏，讓人必須繞到室內，再由客廳走向花園。如此的用意有兩種，先讓屋主及訪客於玄關稍事休息與駐足欣賞；再者，透過屋內、屋外的曲折後，讓人進入庭園能專心休憩，體驗深度的美。

Tip 02. 【好建材】自然的木格柵與木地板

活動式地板＋活動式壁掛，花園佈置好簡單

對於花園佈置很多人都望而怯步，針對這一點設計師以活動式的素材來因應。利用活動的壁掛，讓屋主可以自行擺設或更換花草盆栽，藉由園藝活動擁有更多的生活變化與不同的趣味，而活動式的南方松地板也便於庭園的清潔和舊材的更換。

邊泡澡邊賞景

讓人非常羨慕的，設計師不僅讓公共空間擁有美麗的花園景觀，就連私密的主臥衛浴也擁有一片面向花園的景緻，讓屋主能享受在花園裡泡澡的美妙氛圍。

春日五感Daybed提案 躺著躺著就睡著

春天，就應該待在家裡睡個午覺使身心靈好好放鬆，讓心情沉靜的景、半掩映的光、清涼的風及乾爽的溫度，在散發柔和香味和好觸感的家具家飾上，舒舒服服躺下。遠遠傳來電視節目的聲響，讓人躺著躺著就睡著…

視覺

舒適與微弱的光，讓景物變的隱隱約約、朦朦朧朧，造成思考變得遲緩，感官漸漸放鬆就會想睡。空間本身的視覺感也有影響，合理且適當的空間規劃和光源配置是形成舒適空間的要項。

臨窗的休憩區，使用窗簾或窗紗來控制陽光，使得光不刺眼，且因織品的型態或花紋產生光影的質感變化，讓人更覺隱約朦朧美，心境也會慢慢沉靜。

聽覺

與心跳接近、呼吸同節拍的聲音頻率，是最沒壓力也最具催眠力的。

家飾織品也是淨化聲音的好幫手，此外運用木材、石材或玻璃等建材來區隔空間，讓聲音被吸收、隔離，但仍保有視覺穿透性。播放音樂更是種簡易且主動的方式。

嗅覺

不刺鼻、好聞的味道是舒緩身心的良伴，例如花草精油、木頭的芬多精、榻榻米的清香，都具有躺入自然懷抱的感覺。

滿園的綠意不僅賞心悅目，也是讓嗅覺獲得紓緩的好方法；而室內，除了運用香氛產品外，也可採用木材等天然素材的家具或建材，藉由迷人清香輔助生理放鬆。

觸覺

柔軟度佳的寢具、抱枕或織品，讓肌膚更感愉悅舒暢。

天然纖維打造的寢具、抱枕或織品，接觸皮膚不刺激，柔柔軟軟像躺在雲朵裡，有種被呵護的感覺。

心

當心情平靜又緩和時，人的外在感官知覺漸漸放下，交感神經系統也會相互協調。

心情可說是五感中最難掌控的部份，想要獲得平和的心就要學會「放下」的功課。除了靜心、淨心的內在作業外，外在的環境才能相輔相成。

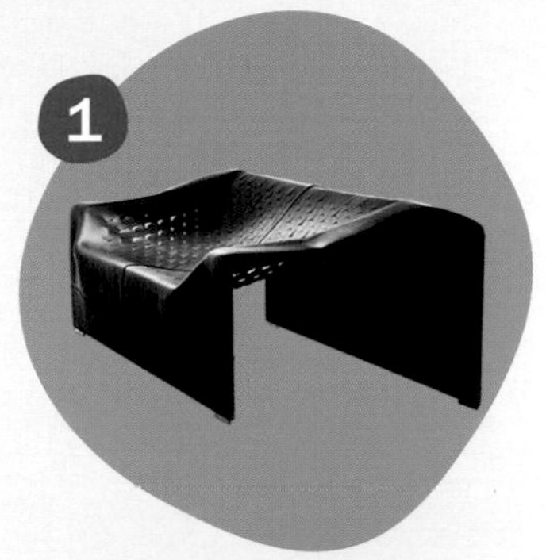

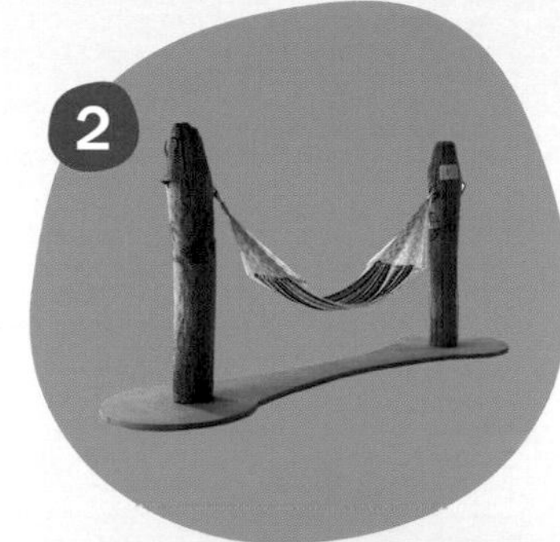

樹林間的吊床

1.傾臥於這張躺椅上，有如在搖晃的皮革吊床上。(Molteni & C)
2.將威尼斯木船樁再利用變成吊床支撐，搭配藍色底座，睡在上面就像盪漾在湖上愜意。(RIVA1920／西法名品家飾)

“與大自然一起午休精選家具”

院子裡的扁舟

3.如葉子形狀的躺椅，躺臥其上有如坐在葉片上隨波逐流，心思飄的遠遠的。(Dedon／晴山美學)

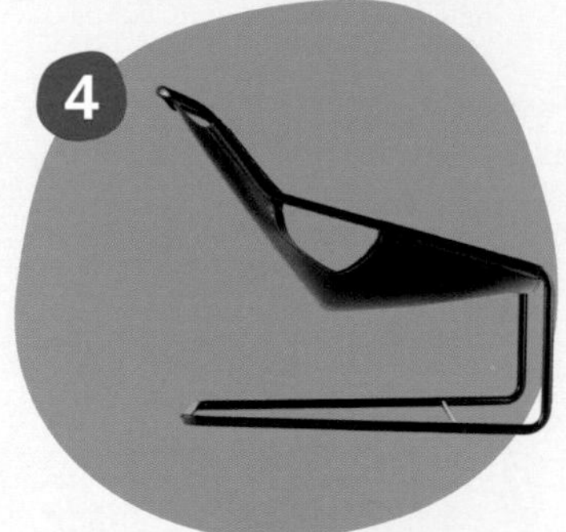

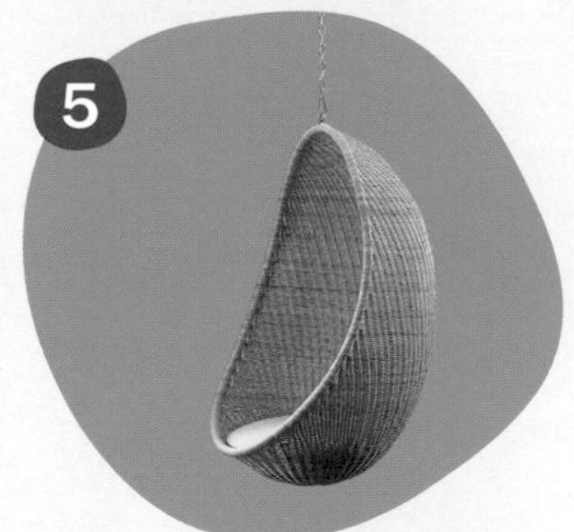

陽台上的小搖籃

4.以精確線條來展現設計上的輕盈，讓人可以優閒舒適地做日光浴。(LINA／Jesse)
5.以柳條編織的可愛蛋型，如鞦韆般懸吊式設計，透氣性絕佳的編織座椅讓人感受微風吹拂。(Bonacina／西法名品家飾)

泳池花園裡的天堂

6.防曬小屋是專屬一人的私密天堂。(Bonacina／西法名品家飾)
7.太陽高照，伸起後座簾子遮去紫外線，寬大座椅讓人側躺慵懶閱讀，背後軟綿綿抱枕引人入睡。(Dedon／晴山美學)

暖陽陽、懶洋洋 或坐或臥的客廳×4

幽靜、清潔、舒適的環境，可以讓人放鬆，甚至心情愉悅，這樣的環境所引發的好心情，非常有助於睡個好覺。除了舒適的空間外，微暗的光線、清新的空氣、適當的溫度與溼度也都是好眠的要點。什麼是完美的daybed空間呢？且讓設計師們來告訴你！

裝修必學：連結內外的架高踏階

光燦燦的天空院子，吃飽喝足想睡覺

露台、書房和客廳以舒適的松木階面、平台相互圈圍起高樓裡的室內庭園，吆喝三五好友來聊天、烤肉，就像小時候圍聚在三合院裡。宴樂之後隨意躺臥，享受天光灑落的慵懶午後，讓人吃飽喝足就想睡覺。

尤噠唯建築師事務所．尤噠唯建築師說：由於屋主一人獨居，為了創造不定向的休閒感，設計師讓連結戶外露台的架高踏階變成沙發座，創造出高低層次感，舒適的松木階面有著可坐可臥的隨性。

裝修必學：視覺無礙的南島風休憩區

自然色系構築空間，心情靜靜沉澱

以渡假休閒感設計的家，家具全以木作訂製，採自然塗裝手法，令木質的香氣盈室。搭配南非黑石花崗岩、鋼與藤，呈現剛柔並濟的美感，強調空間的乾淨開闊感，令身心都跟著透氣呼吸。

明代設計・明代室內設計團隊說：以柚木地板串連陽台、客廳與餐廳旁的休憩區，用同材質將空間延伸，並以輕巧的欄杆向戶外借景。設計師特別在陽台打造水景池，讓天空、風景都能倒映於水中，視覺無限延伸。

裝修必學：向戶外借景的臨窗檯

天然素材織就空間，躺著躺著就睡著

舒適柔軟、多抱枕的沙發，涼爽光滑的原木窗台臥榻及散發著藺草香的和室，無論想躺哪裡都沒人跟你搶。遠遠傳來電視節目的聲響，午後微亮的光影與陣陣微風，讓人躺著躺著就睡著。

幾米空間設計・呂俐錡設計師：為了與戶外連景，設計師架高和室並與窗檯臥榻連結，讓空間彼此相通卻又具隱密性。材質上以淺色做為主調，將織布、木材與藺草等自然材質彼此調和搭配。

裝修必學：簡約設計的臨河美景區

減法設計，讓美景伴你入夢

城市的喧囂生活，讓人羨慕悠悠流水，想要臨水而居。近水的樓臺先得「景」，不以喧賓奪主的方式，僅以簡潔的手法設計休憩區，享受空間原有的特色，讓美景陪伴入夢。

富億設計・陳錦樹設計師說：以簡約的方式設計休憩區。最貼近河景的空間，最自然協調的生活方式，來面對生活的自然感動。

暖風輕吹、樹影搖 醺人欲睡的書房×2

書看著看著就閉上眼？或是坐姿不知不覺換成側臥？多數的書房都與客廳相鄰，兩者以開闊或通透的方式互相分享美好的景觀與採光，在風吹樹搖的午後，書籍的淡香，醺的人昏昏欲睡。

裝修必學：大空間以牆區隔，創造多功能

溫潤材質營造氛圍，坐著坐著就想睡

綠意滿盈、視野開闊的書房及客廳，不僅有著明亮的採光，也讓家人可以互通聲響。坐在下潛式的書房中，看累了書不妨躺在溫潤的木地板上，享受一下片刻的休憩。

佶舍室內設計・佶舍室內設計團隊說：設計師將書房與客廳僅以半牆隔間，一起分享開闊感。書房中下潛式設計的閱讀區，內具大量收納功能，佐以戶外景觀，營造出優雅的禪意。

裝修必學：全活動式隔間，空間更自由

明亮開朗舒暢感，看著看著就瞇眼

內縮處理的書房，以開放式場域和玄關、客廳相鄰，展現一派開朗隨性的空間感。書房內規劃可滑動的書桌設計，只需將桌面往門方向輕推，就能讓空間倍增寬敞，讓窗前臥榻的閱讀，更加舒適懶散。

將作空間設計・張成一設計師說：拆除原封閉式的隔間，將書房兩側開口以格柵拉門、摺門等活動式隔間來區隔，讓空間與光線更具穿透力，也可適時提供書房所需的獨立。

擁美景、開胸襟 自然悠活的臥房×2

寬敞與靜謐的空間、讓人心胸開闊的美景，是療癒身心的最佳元素。搭配具有遮光效果的窗簾，自然色系或暖色系的家具與柔軟的家飾，在臥房中可以自由地放鬆熟睡。

裝修必學：雙迴旋動線，打造玩樂玻璃屋

家家酒、紅綠燈，玩累了就想睡

房間內有著利用樓梯挑高衍生出的迴旋動線，及可以和一樓互動的和室區。孩子們玩著傳聲、家家酒、紅綠燈等遊戲，穿梭來回、遊戲嬉耍於空間內。玩累了，就可以隨意躺下好好休息。

郭璇如室內設計工作室．郭璇如設計師說：利用樓梯與房內的高低落差產生的雙開口迴旋動線及玻璃和室，是小朋友最愛的遊戲區。

裝修必學：搬移隔間，親近自然美景

自然開闊，解放身心開闊更多可能

預留空間空白，主臥設置臥榻，走到哪都能有舒適放鬆的空間，視線所及一片寬闊美景，不僅讓人身心解放，也提醒我們：懂得留白，生活更悠活。

明代設計．明代室內設計團隊說：降低主臥的女兒牆讓光線恣意流入，盡覽窗外大片美景。為了不浪費好光景，在此處設置臥榻，讓人身心放鬆，體現自由。

植栽淨化篇

住宅知識王

神奇的植栽淨化術！擺對盆栽讓家空氣好清新

綠化居家
遠離病態建築症候群

沒想到！家中處處都有空氣污染

許多人認為在家裡而非在車水馬龍的路上，怎麼可能會有空氣污染？如果你這樣想就大錯特錯囉！其實住家空間中有許多空氣污染的來源，尤其是密閉的空間容易有落塵、二氧化碳產生，而建材、家具、清潔劑等則會產生甲醛與其他揮發性的化學物質，更別說容易產生細菌、黴菌等過敏原的空調設備，細數起來還真是不少，所以才會有「病態建築症候群」一詞的出現，指人的身體在不良建築內會產生頭暈、疲倦、注意力不集中等各種呼吸道過敏症狀，所以有時候在家感覺昏昏沉沉、注意力不集中，別猛灌咖啡提神，說不定是空氣出了問題。而解決家中的空氣污染，除了時常打掃清潔、保持不過熱、不過濕的空間溫濕度之外，規劃通風的環境才是最重要的，最後才加上能淨化空氣的植栽，效果加倍。

? 想進一步了解還有哪些淨化植物：

可以搜尋行政院環保署提供民眾下載的「淨化室內空氣之植物應用及管理手冊」，內有多達50幾種的淨化空氣植物與擺放方式。

http://ivy1.epa.gov.tw/air/s22.asp

資料提供｜行政院環保署、玉馬門設計

小宅版 壞空氣的三大剋星 黃椰子＋虎尾蘭＋黃金葛

玉馬門設計的林厚進設計師表示，根據美國太空總署與印度理工學院所做的研究，研究領導人 Kamal Meattle博士指出，有三種常見植物對空氣淨化有著神奇的效果，那就是黃椰子、虎尾蘭與黃金葛。黃椰子的特點在於它可以將大量二氧化碳轉換為氧氣，所以適合放在家中人們會聚集的客廳或是餐廳裡；虎尾蘭則有在夜間吸收二氧化碳的功能，可置於臥房；黃金葛最大的特點在於它會吸收空氣中的甲醛以及其他的揮發性化學物質，非常適合在室內裝修剛完成時來擺放，也可以幫家中做些綠美化，一舉兩得。

大宅版 因地制宜的植栽選擇

如果覺得光只有三種植物還不足以應付你們大坪數的居家空間淨化，那麼可以參考環保署的資料來選擇更多、更豐富的植物，根據行政院環保署「淨化室內空氣之植物應用及管理手冊」第158~159頁的內容所述：

1 浴室

浴室中氨、二甲苯及甲苯濃度較高。建議放置蔓綠絨、黃金葛以及虎尾蘭等植栽。

2 書房

書房之甲醛、苯類和三氯乙烯濃度較高。建議放置袖珍椰子、常春藤、檸檬千木及竹蕉等植栽。

3 廚房

廚房和餐桌內落塵、甲醛和二氧化碳濃度較高。建議放置馬拉巴栗、嫣紅蔓及波士頓腎蕨等植物。

4 臥房

臥房內甲醛、二氧化碳濃度較高。建議放置蔓綠絨、觀賞鳳梨、波士頓腎蕨、常春藤、長壽花、蝴蝶蘭、虎尾蘭等植栽。

5 客廳

客廳之二氧化碳、甲醛及苯類濃度較高。建議放置馬拉巴栗、非洲菊、袖珍椰子、黛粉葉、白鶴芋以及波士頓腎蕨等植栽。

6 大門和玄關

大門和玄關落塵較多。建議放置皺葉椒草、非洲堇、秋海棠類、大岩桐、白網紋草及嫣紅蔓等植栽。

春天，好想睡在浴室裡！

浴室對了，精神就爽快的身心靈療癒裝修術

二十世紀中期，繁忙的現代都會出現的所謂的「療癒熱潮」，並不斷的被頻繁使用更延續至今。會成為生活主流文字，就是因為現代人體內存在著太多壓力與憂鬱，導致精神與情緒過度緊張而產生疲憊，也因此，「療癒系衛浴空間」的誕生反映出了都會人對反璞歸真的渴望，越來越多人認為浴室已經不再只是一個洗澡如廁的空間，而是家中最能撫慰身心壓力的領域，透過沉醉在「水」和「舒適的空間氛圍」，有助於在精神上回復自我，亦能撫慰身疲勞的心靈。

圖片提供｜青埕空間設計整合

創造衛浴療癒風的六大元素

流動空氣

大自然植物、流水會提供「陰離子」，而陰離子能吸納空氣中的塵埃與惡臭，達到淨化空氣的效果。如果浴室有足夠的通風，戶外陰離子得以流動於室內，可平滑肌膚緊張度且調節自律神經。

陽光燈光

療癒系衛浴不需要華麗的燈光閃耀，也不要刺眼的照射光源，盡可能白天時採用戶外來的太陽光，有助於增添心靈暖意；而夜晚開燈最好使用可調節明亮度的黃光，能柔和氛圍亦舒適眼睛。

窗外風景

窗外的山脈水色或天空白雲都總讓人忘卻都會喧囂與忙碌的一切，有時後即使是樹上的蟲鳴鳥叫都可以喚醒自我的純真與打開感官，所以想要能舒壓神經與心靈的浴室，有戶外景致是最簡易的方式。

原木石頭

取材大自然的設備、櫃體、或天地壁材料不僅能在浴室中營造自然氛圍，透過使用時的視覺、觸覺去感受自然材質的肌理紋路或圖騰，能滿足內心對反璞歸真的渴望，具緩和、撫慰情緒與壓力的效果。

植栽綠葉

從古自今許多論點與文獻都證明觀賞自然綠意有助於人良性思考。綠色植物能刺激大腦的α波幅，當波幅增加，大腦會傳遞「放鬆」訊息給身體，所以在浴室裡擺放植物不僅能讓人心情平靜，更能為身體舒緩緊張。

動線規劃

能放鬆心情的浴室不在於裝飾的多寡還是五感的豐富，而是能達到使用者真正需求，創造出隨心、隨意的生活方式。其實只要在動線設計上多作著墨，讓空間使用上更得心應手，就能有療癒的效果。

【陽台浴室】與戶外自然直接接觸屋

水感療癒 水體滋養身心能量

空間設計／明代設計

為招待親朋好友來訪台北，屋主在淡水買了一棟觀景招待所，透過明代設計師的巧手規劃，讓敞開的空間有人、有空氣、有呼吸，也有河口美景，而其中最顯目就是後推陽台上的那座浴缸，設計師特意串起了室外河與室內水兩種相同因子，每個來訪住宿的朋友透過陽台上泡澡體驗，把自己心靈換化成水滴流向舒適的大海。

浴室就是賞景的最佳場域

設計師不盲從陽台外推的潮流，特意把陽台空間釋放出來，將這個室內外之間過渡當作綠地，成就室內休閒氣氛。這裡以浴缸作空間主角，主要是為了營造招待所的休閒渡假感，窗外左看觀音山，前方正對出海口，那麼好的景色，就是要留給療癒身心的浴室。設計師表示，臥房、客廳的使用重點在於睡覺和娛樂，只有浴室可以專心賞景、放鬆心情，尤其現代人重視泡澡，當享受溫水撫過身體瞬間，視野接觸到戶外的山水景色，都市喧囂立即阻隔在心靈天地之外。

陽台內推把美景留給沐浴時光

1.擴大後的陽台上擺放浴缸，地坪以炭化南方松兼具清潔保養與營造自然風格，稍許延伸到室內更增添休閒慵懶感。
2.浴缸被移出浴室之後，馬桶與面盆空間如今擁有較大空間，使用上更舒適。

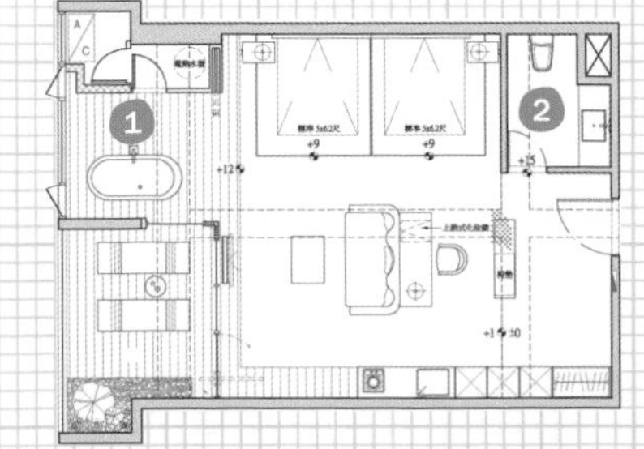

【房中浴室】浴室也是一種居家風格

通風療癒 增加空間自然陰離子

空間設計／青埕空間設計整合

坐擁依山傍湖獨棟別墅的優勢，加上一個人的自在生活，做為臥室空間的二樓不再只是把需求以牆面劃分拼湊出來，而是透過開放式構想，將臥床、浴室、書房三個領域結合，一是無論身在哪個空間都能看見湖光景色，二是浴室如今成為串穿三區塊的主要角色，讓泡澡成為生活首要主角。

浴缸設中央動線更順暢

會把浴室放在中央，緣由來自於屋主對於泡湯看湖的渴望，但如果將浴缸區域以牆面隔開，那麼樓層後方的臥室就變相的成了封閉狀態，所以，為了讓整層樓的每個角落都能享受同樣美景，又不會影響走動，正中央的浴缸成了空間的主體。「其實開放式衛浴空間更是一種綠環保」設計師表示，當空間有了光、風、熱能的流動，不必開燈、無須開冷暖氣，其實就達到綠建築的基本條件；所以開放式衛浴不僅療域身心，同時也是療癒建築空間的綠色概念。

開放空間的多功能使用方式

1.浴缸與書房中央以鋼管支架的電視作隔間，可三百六十度旋轉的設計一次滿足兩空間需求，無須重複購買同樣設備。
2.有些人會擔心木地板潮濕問題，但只要空間夠大、夠通風，水氣就不會輕易停留於木頭上。

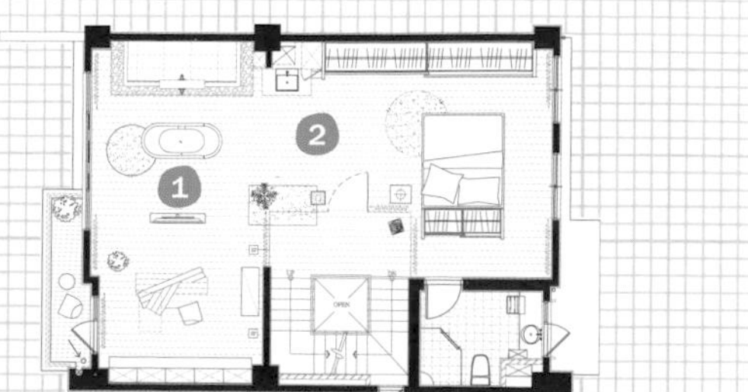

【封閉浴室】打開浪漫的浴室生活

開窗療癒 建立氛圍層次活絡知覺

空間設計／本直設計

「打開一扇窗，讓封閉的浴室有了呼吸的管道。」有天天泡澡習慣的屋主夫婦，對於浴室設計的首要條件就是要能有舒適的泡澡環境，而這種環境絕對不是靠著牆、窩在室內深處的衛浴可以提供，所以，設計師為他們打開一扇窗，窗外是夫婦親密的聊天場所，同時也讓光源與恣意進駐。

打破牆面限制，找到呼吸方式

「將浴室移動到靠窗位子當然是最簡單的方式，但如果有條件限制而無法移動衛浴，那麼打破牆面就是最好的辦法。」設計師知道因動線配置問題，無法大肆調整浴缸位置，所以便將把與衛浴與主臥休息區之間的牆面移除，利用木百葉窗的設計保持兩個空間彼此界線，當夫婦享要泡澡享受時，打開窗，透過休息區窗戶的綠、光，緩緩進入衛浴空間裡，即使在室內深處的衛浴空間中，也能享有如同坐落在窗邊的感受。

利用窗戶聯結兩個場域

1. 主臥休閒區與浴室之間的牆面以窗戶型式展現，平常可關上保持視覺乾淨，泡澡時打開能舒放整個衛浴尺度。
2. 窗外的休閒區擺放幾張舒適家具，悠閒感瞬間呈現，且透過開窗延續到浴室裡面。

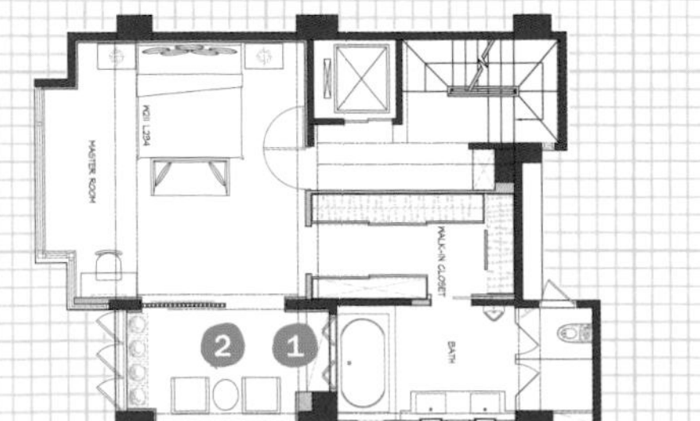

【開放浴室】樓梯下的透光沐浴

視覺療癒 降低眼壓舒放情緒

空間設計／Millimeter Interior Design(Michael Liu)

療癒系衛浴的主要重點就是在「開放」兩個字。現代人生活壓力沉重，能享受一段無壓泡澡時光就是最簡單的舒壓方式，但如果在浴缸泡澡，四周是緊閉的實牆，就難以達到放鬆的效果。換而言之，當浴室視野開闊，會賦予使用者一個平靜、悠閒的情緒感官。

透明的梳洗空間

位於樓梯下方的淋浴間，因玻璃材質有「隱身」的效果，鏤空樓梯讓戶外光能自然流動於室內當中，同時也穿透到位於後方位置的盥洗空間。足以供兩個人一同泡澡的浴缸為混凝土製作，在外圍批以水泥，與訴求自然簡約的室內空間融為一體。淋浴區側邊為放置簡單家具家飾的起居空間，玻璃帷幕的穿透感讓彼此間沒有空隙，當戶外的陽光灑落進來，沉穩的室內有活潑的語彙，而夜晚星空點綴，泡澡更是製造浪漫的另一種方式。

用設計構築衛浴需求

1. 受限狹小空間又想要淋浴與泡澡一應俱全，可以靈活運用室內崎嶇地例如樓梯下，不會影響動線且別具特色。
2. 把較封閉的廁所內移，可開放的浴缸外推，有效拓開空間寬敞感，減少牆壁可能造成的視覺壓迫。

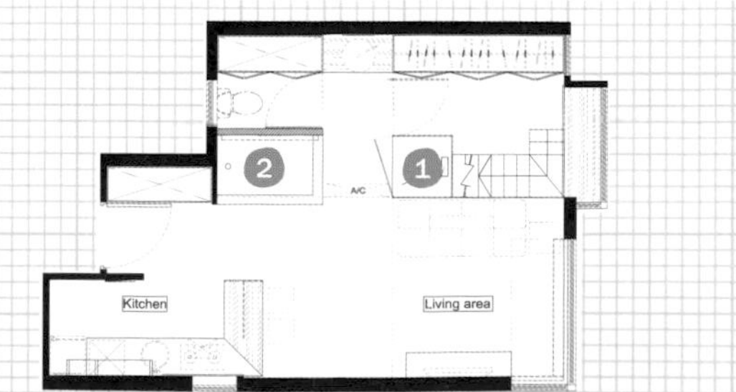

【老長屋浴室】衛浴變身SPA風呂

燈光療癒 鎮靜腦神經與心血管

空間設計／上繹設計

老長屋變身之後，美中不足的就是光源不夠，尤其是位於二樓的衛浴空間，唯一能採光的就是天井旁的小窗戶，但設計師認為，療癒的空間不一定要有大面窗戶與戶外採光，有時候一點燈光情境製造，較為封閉的衛浴也能獲得心靈上的釋放。

五官舒壓來自情境製造

老舊長屋採光較弱的條件下，介於書房與洗衣間的走道區如今被設計師改造成如同頂級飯店的衛浴空間。長型空間後方隱藏馬桶與淋浴間，中央採L型壁面設計，不頂天的讓天花光源能溫柔散落在衛浴空間每一處。「療癒系衛浴的重點在於情境的舒適，如果能在空間內營造放鬆感，使用者就能在泡澡時獲得足夠的休息。」設計師覺得燈光最為重要，之後再加點綠意、擺放一把可休息的椅子、鋪上觸感溫潤的材質，仿佛頂級風呂的空間就能讓心靈舒壓。

設備配置也是一門學問

1. 一般浴室習慣把設備靠牆，但設計師特意將面盆搬到中間，讓視線舒適貫穿。
2. 把馬桶與淋浴區設置最後方，保持泡澡區塊的整潔性與一致性。

【外推浴室】在浴室中欣賞日月星辰

景觀療癒 增加正面思考與愉悅心靈

空間設計／達利設計

「衛浴空間在居家的重要性有如客廳的沙發、代步的汽車一樣。」客廳最好的位子一定留給沙發，建築最方便的空間一定是架設停車格，同樣的道理，一天當中使用最頻繁的浴室與廁所，絕對有資格坐落在景色最好的場地，為屋主提供一整天的活力。

浴室是一天的開始與結束

房子不大的情況下，屋主願意把最好的景色留給衛浴，他認為衛浴並不是只是一個如廁地方，其實也是起居生活的一部分。既然如此，那何必隱藏起來，畢竟臥房內的浴室本身就不對外開放，更是自己專屬，所以陽台外推後並不是給臥房更大的領域，而是將衛浴擴大。想像一下，起床後走下床第一個去的地方就是衛浴、回到家睡覺前的活動也是在衛浴空間，如果每次使用時眼簾映照的是戶外青山，從知覺上就能提供身心上的愉悅。

看不見雜物與馬桶才清爽

1. 利用原本臥室陽台區域外推，空間留給浴缸，泡澡就能享受三面採光與通風，同時讓浴室保持乾爽。
2. 較可能零亂的浴室收納櫃與較隱密的馬桶拉出視線之外，額外開窗使廁所能擁有獨立通風管道。

為浴室增添自然氣息

舒活設備選

創造療癒風首要條件就是大自然元素的利用，無論是木頭、花草，甚至近年來一直流行的石材，所營造的原生情境能為衛浴空間打造出城市中的桃花源。想要讓家中衛浴變身療癒系，其實不一定要大費周章的改建裝修，不妨從最簡單的設備開始，輕鬆將浴室換裝舒壓感。

1 **輕盈質感**

當晶瑩剔透的玻璃面盆當與水流結合時，散發出藝術之靈氣，盡顯精緻與尊榮的時尚質感。猶如鑽石般的精雕細琢的細節設計，折射出璀璨的光線，創造出與眾不同的視覺體驗。(Kohler／麗舍)

2 **體現自然**

擺脫了以往浴室的直線、生硬，取而代之 自然的曲線、協調的型體，舒適又溫暖；靈感源於自然，啟發來自於共生，AXOR Massaud系列展現平靜、沈思和放鬆的衛浴新文化 (AXOR／麗舍)

3 **鵝卵馬桶**

將馬桶幻化成造型可愛的鵝卵石模樣，堅實渾圓的外表展現自然風韻，這種將傳統白色釉面材質轉換為石頭質感的設計，能為舒活衛浴更添自然真實性。(Villeroy & Boch／楠弘貿易)

4 **石頭面盆**

設計師特意採堅實渾圓的外表展現出自然風味，外觀另帶有石頭紋路質感，跳脫一般面盆白淨印象更添天然風格。(Villeroy & Boch／楠弘貿易)

5 **仿石風格**

知名義大利衛浴設計品牌CATALANO推出的I Maestri系列，材質採仿石設計，觸感上精細自然，造型簡單且富含自然情懷。(CATALANO／阜都興業)

6 **日式浴缸**

純天然的木紋浴缸板在空間帶來泡湯風韻，搭配上日式方正的壓克力浴缸，以及上方能保持溫度與乾淨的浴缸蓋，在家就能享受休閒度假的氛圍。(優貝斯)

7 **天然藝術**

多變造型的Scarebeo造型面盆，推出大理石紋理造型面盆，近年更將石頭與瓷器異材質混搭，營造不同的視覺效果。(Scarabeo／麗舍)

8 **月球浴缸**

彷彿泳池安寬敞的浴缸設計，外覆木頭元素來襯托圓中有方的造型，同時突顯渾圓浴缸的設計，更對應大自然風情，讓使用者可以享受泡在天然水池當中，亦能保持優雅與高質感。(Duravit／三緯衛浴)

1

2

3
4
5
6
7
8

來自科技技術的療效

人性智慧選

充滿自然、自在氛圍的空間當然是療癒系衛浴的首要條件，但智慧科技所提供舒壓功能如今也是不容小覷的新時代潮流。紅外線感應裝置、聲控、調溫、觸控調節或影音享受，這些經由電腦設定出的衛浴產品不僅為浴室帶來更多愉悅享受，更從人性層面思考，創造安全、方便、個人化的衛浴進化。

1 智慧座蓋

充滿智慧的感應系統，會在消費者使用完馬桶之後15秒自動關閉，並且強調過程中將聲音降到最低，讓使用者能夠持續沉浸在如廁後放鬆的寧靜心情。（PRESSALIT／楠弘貿易）

2 彩光技術

擁有舒緩身心的LED彩光及兩段式出水方式，頭頂瀑布及大範圍的淋浴擴及全身，沐浴在多彩變化的情境燈光下，彷彿悠遊在大型的衛浴盛宴中，與夢幻享樂貼身共舞。（FANTINI／麗舍）

3 頂級享受

強調心靈紓壓取勝，不僅內建10個小時的情境音樂，還在透明天花板上安裝3個高音質喇叭，讓您在淋浴時，還能同時享受如天籟般的立體聲效果。此外，該蒸氣淋浴系列還附有7種燈光療法，達到身心和諧Wellness效果。（HOESCH／楠弘貿易）

4 工學設計

特別設計專用浴枕為基於人體的曲線，柔和地托起頸部，從而使身體能夠“漂浮”在水面上。另外特別研發的音響設備將營造出愉悅的聽覺享受，伴隨著柔和的背景音樂盡情舒展您的身體漂浮在水中，絕對是完全放鬆的最佳方式。（Duravit／三緯衛浴）

5 電腦科技

具備自動感應智慧識別掀蓋外，腳部暖風系統為使用者帶來宛如SPA般的感官享受；NUMI高科技電腦馬桶更提供如廁同時的聽覺饗宴，不但有內建音樂播放功能及 FM 廣播，還可連接個人MP3，播放您最喜愛的音樂。(Kohler／麗舍)

6 遙控舒適

Water Wall 水幕花灑、蒸氣和按摩設施，使用者可依據個人喜好，搭配內置收音機及MP3，而透過輕觸面板可輕易達到掌控；這是極致奢華的時尚精品，讓使用者體會暢快淋浴的自在氛圍，及清新樂活的五感享受。（KOS／築禮國際）

7 人性思考

浴缸內部為平行線條的安排設計，因此缸體內部打造出一個舒適的坐躺空間，讓使用者能完全的將身體浸泡在水裡，且更寬闊的空間提供最舒適的沐浴享受，另外功能性邊緣的燈光元素亦能營造出適當的氛圍。（HOESCH／楠弘貿易）

1

2

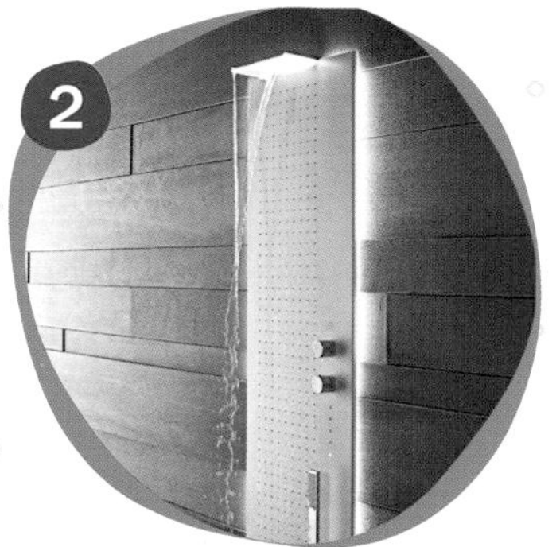

3

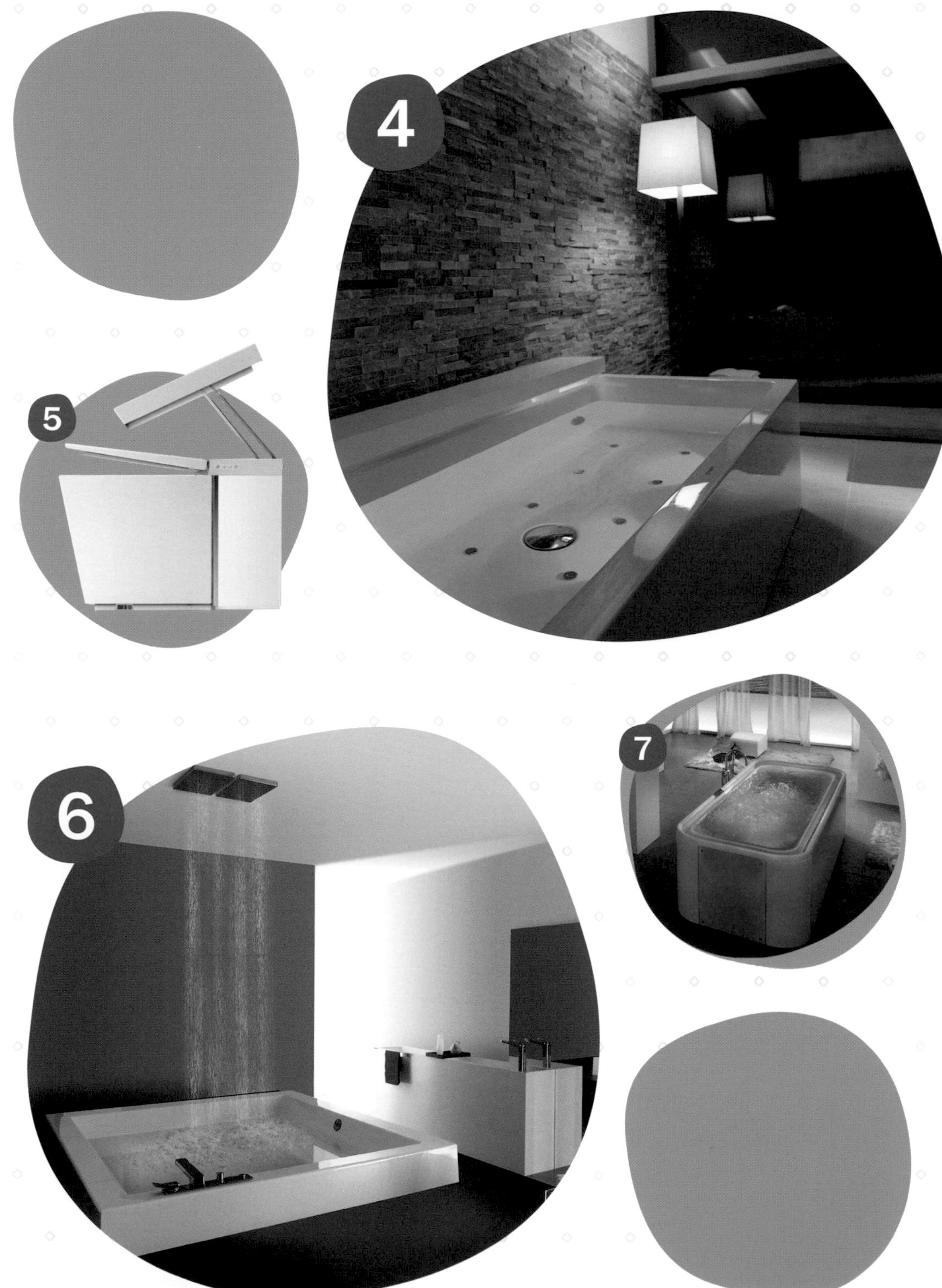
4
5
6
7

腎臟科醫師　江守山

新光醫院腎臟科主治醫師、腎學會醫療院所評鑑委員、江醫師的魚舖子營運長、Dr.living江醫師房屋健檢中心執行長。著有「別讓房子謀殺你的健康」一書。

資料提供｜江守山

病屋防治篇

住宅知識王

空氣、水與電磁波 不可忽略的買屋裝修需知

7大警訊提醒你
遠離「病屋症候群」

警訊1 剛裝潢好的房子住了一段時間，空氣散發的刺鼻味很不舒服，小孩子也覺得全身發癢。

江醫師回答：所謂「新房子的味道」正是揮發性有機化合物逸散出來造成的，而這些有毒氣體經常隱身在家具、塗料、裝修膠合劑製品等等，如果你以為只要過一陣子味道就會消失或是多開窗通風、用鳳梨皮消臭即可解決，其實不然，事實上沒味道不代表沒問題，因為國外研究早已證實揮發性有機化合物大約需要3~12年才能讓揮發量降到安全的範圍。

警訊2 待在家裡沒多久忍不住呵欠連連，又常常感到昏昏沉沉，偶爾有悶熱、昏睡的感覺？

江醫師回答：如果家中人口過多、通風不足，再加上煮飯過程會產生二氧化碳，通常在600ppm以下對人體不會有影響，但如果你已經偶爾會有頭痛、昏睡、悶熱的感覺，請趕快增加新鮮空氣的流通，若是有噁心嘔吐、呼吸困難的話，代表二氧化碳濃度已經超過40000ppm就必須趕緊送醫，同時代表你需要徹底改善居家通風的問題。

警訊3 房子裝修之後晚上經常睡不著，又有心跳快、還能聽到自己心跳聲？

江醫師回答：有可能是過量、閃爍的光線，或是低頻噪音（送風機、水塔、汽車、變壓器、洗衣機、冰箱）所帶來的影響！尤其是夜深人靜時，最容易感受到低頻噪音，讓人感到壓迫、神經衰弱等，要解決低頻噪音建議可選擇前後推拉的氣密窗，隔音效果會比傳統左右推拉來的好。

而房子外頭的光源、睡覺時開燈也容易干擾睡眠，美國賓州大學研究指出，如果2歲以下的幼兒開燈睡覺，會大大增加日後近視的發生率，因此睡覺時最好隔絕光線才能健康入眠。

警訊4 台灣自來水不是通過國家安全檢測，還需要加裝濾水器嗎？

江醫師回答：水中重金屬來源相當複雜，特別台灣老舊社區都有水管鉛污染的高風險問題，再加上台灣自來水原水含菌量過高、水質惡化•通常淨水廠不得不提高自來水中的氯氣量來因應•而當氯氣含量增加，自來水中的三鹵甲烷含量也會增加，因此建議不論飲用水或是生活用水，最好要事先過濾再使用。

警訊5 聽說燒開水時只要多燒15分鐘，就不怕喝到含氯的水？

江醫師回答：很多人都以為燒開水時多持續沸騰15-20分鐘就可以除氯，但江醫師提醒必須在通風良好的狀況下，否則煮沸過程中所產生的有毒氣體被吸入體內，反而容易引發癌症、孕婦流產等危險。

警訊6 聽說目前台灣的輻射屋都已列管，應該不會誤買到吧？

江醫師回答：住在輻射屋就好比家中裝了一台X光機，免疫力低、致癌的風險也相對的提高，在2006年時原能會甚至查獲一批輻射鋼筋，有種可能是有些屋子沒有清查到，或者是老舊的X光機被當作廢鐵回收，因此買屋前不妨請專業人士進行房屋健康檢查，以確保居住的健康。

警訊7 避開高壓電塔就能遠離低頻輻射嗎？

江醫師回答：低頻輻射除了來自戶外，也有可能是自家配電設計出了問題，以及許多會產生低頻電磁輻射的電器用品，如電腦、冰箱等等，特別是床位附近的低頻輻射對人體傷害最大，因為我們躺在床上睡覺的時間最長，例如臥室床頭邊有電器擺設、電源開關、插頭等，最好請專業人士移開，否則長期暴露在居家的低頻輻射，有可能會得到白血病、腦瘤或神經行為改變。

「病屋症候群」要注意的還有…

1. 家具、地板、牆面等建材最容易隱藏甲醛、揮發性有機化合物，選用這類裝潢材料切記選擇有安全標示者。
2. 不論是廚房自來水或是洗澡用水，應加裝過濾系統，確保喝到純淨的水。
3. 小孩房建議選擇暗色系塗料，常見的白色粉刷牆面反射係數為69~80%，大大超過人體所承受的生理適應範圍。
4. 家用電器、插座是低頻輻射，建議臥室床頭邊最好離插座、電器遠一點，否則有可能導致睡眠障礙、神經退化疾病。
5. 大理石隱藏氡氣有害氣體，如果大量使用的話，最好室內通風要好，否則氡氣所釋放的放射線量易得肺癌。

採光技巧 ▶ 玻璃隔間

舒壓技巧 ▶ 自然材質

通風技巧 ▶ 拓寬窗戶

節能技巧 ▶ 全部LED燈

樹梢上的自然盛宴 與友共享緩慢時光

想像不到在台北市也能擁有大片綠意進門，丁薇芬設計師購下這間樓中樓老公寓就是為了屋外遠山綠樹的景致，她甚至貪心的將牆拓寬成大片玻璃窗，以超大開放廚房與10人用大餐桌為主角，這兒就變身成她與好友們歡聚的招待所，在樹景、松鼠與藍鵲的陪伴下，享受一場大自然的盛宴。

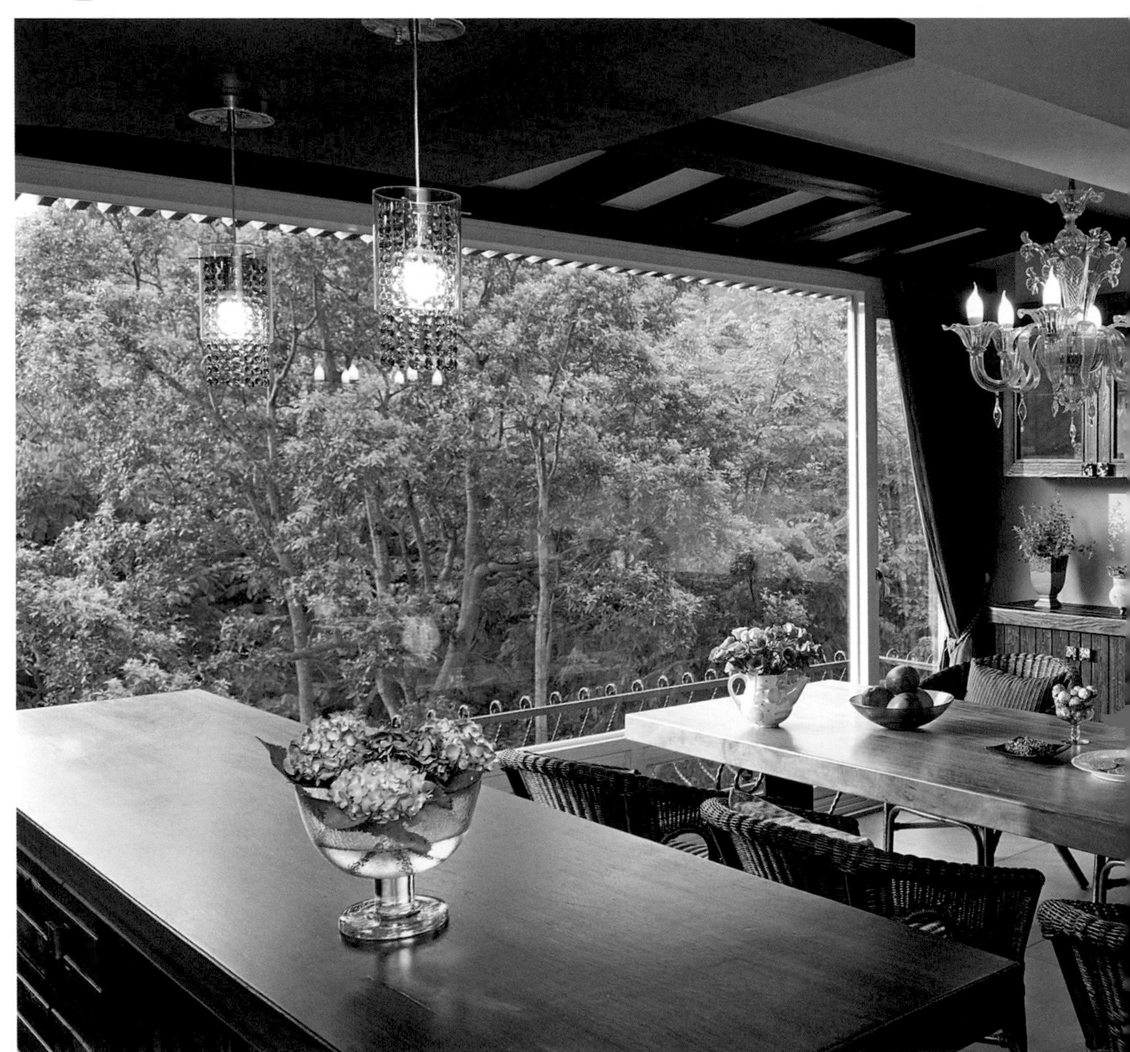

採訪｜黃貞菱　設計暨圖片提供｜丁薇芬設計工作室

1.廚房與餐桌之間僅隔著工作檯，檯面不只可切菜、備餐還可收納，舉辦PARTY時可兼作buffet餐檯，功能性十足。
2.設計師把頂樓露台原有的水泥女兒牆拆除，換上了纖細的鐵件欄杆，加上木地板鋪設的地面，充滿悠閒渡假氣氛，遠山綠樹的視野更是無與倫比。

2

1

丁薇芬設計工作室
丁薇芬、李宜蔓

電話：0960-728560

空間戲劇性的產生，有時候不是因為豪宅或別墅，反而是傳統公寓裡的驚喜，走進丁薇芬設計師位於內湖的招待所，一進門就被大面積玻璃窗外成排樹梢所震撼，她笑說每個來訪的親友都會異口同聲的說：「好過份啊！擁有這樣的窗景。」而她也大方的將空間分享出來，讓這裡成為大伙歡聚的招待所，在偌大的廚房中合力做料理，接著圍繞10人大餐桌共享美食，伴隨此起彼落的談笑聲，真的令人大嘆：美好生活就是如此啊！

母女共同創作的空間作品，用畫作與色彩把家變成現代藝廊

「這個招待所是我和女兒李宜蔓共同創作而成的。」丁薇芬設計師自豪的說，原來吾家有女初長成的她，從小就培養女兒藝術美感，一路接受從美術系、藝術研究所的訓練，李宜蔓甚至從高中時期就跟著丁薇芬設計師跑工

空間形式：傳統公寓
室內面積：50坪
室內格局：兩房兩廳
家庭成員：招待所
主要建材：義大利進口地磚、馬賽克磚、義大利亮面磚、原木柱、藝術玻璃、清玻璃、壁紙、彩繪玻璃、清玻璃、鐵件、南方松木地板

4

5

3

地、選建材，也難怪年紀輕輕就熟稔室內設計的各種流程，被視為是將來的最佳接班人呢！

所以在這個空間中，我們不難發現許多獨特的畫作裝飾，原來都是出自李宜蔓之手，丁薇芬設計師將畫作的色彩擷取運用於空間中，讓空間的調性更具整體感，例如客廳沙發牆面的人物畫像，裱上黑色畫框，就成了最佳的牆面裝飾，畫中的桃色與灰色更延伸成為沙發的色彩，成為獨一無二的私房設計。另外，在主臥房更衣室的雙推門上，也可發現母女合力創作的風景，兩扇門上的玻璃彩繪，是她們待在玻璃工廠辛苦一下午的傑作，霧面玻璃門上綻放橘色的高低花朵，就像一幅大型的裝置藝術，與窗外綠意形成有趣對比。

充分運用對比的美感，將粗獷與細膩、奢華與質樸交互激盪出層次

在風格上，丁薇芬設計師特別強調「對比」美感，尤其不同材質搭配，以往她不愛水晶燈裝飾，她說：「因為水晶燈太耗電了。」但自從LED燈普及之後，她便能將所有燈源包括水晶燈皆改成LED，如此一來，既能表現華麗感又兼顧節能環保。在廚房與餐廳空間中，她便用了一盞透明水晶燈為主角，在木作廚櫃與窗外綠意襯托下，份外鮮明動人。客浴搭配也充滿衝突性，她選了一顆石頭挖鑿成面盆，擺在火頭磚砌成的檯面上，巧妙掛上彩繪玻璃吊燈，一旁則是火頭磚牆銜接弧形藝術玻璃屏風，讓粗獷與細膩、奢華與質樸，在這個小角落激盪曼妙火花。

3.位於空間最重要位置的餐廚空間，設計師以不同色階的紅色亮面磚拼貼出畫作般的藝術性，中央嵌入黑與金色馬賽克磚，細膩質感與粗獷的廚櫃產生對比的美感。

4.有別於以往傳統公寓的厚重鐵門，設計師以厚木門加銅製釘鈕的設計揭開此戶的自然風格，莊園般的材質運用，讓人一走進門就忘記身在老公寓中。

5.客浴的洗手檯獨立於浴室外，透過設計師巧妙的以粗獷火頭磚、石面盆與細膩玻璃燈、隔屏的對比，呈現出豐富的層次感。

6.客廳區的色彩搭配以時尚感的桃紅色系加鐵灰色系為主，牆上則是設計師女兒李宜蔓的畫作，讓沙發與畫作顏色巧妙呼應；左方看往餐廳區的視線透過原木柱形成穿透，讓空間感不因實牆被截斷。

6

8

9

雕琢空間細節的差異性，讓設計不只是設計，更是專屬屋主的動人故事

擅長色彩搭配的丁薇芬設計師，有著比一般人更堅持的設計理念，把「設計」當成「創作」，希望每一位找她的屋主都能擁有獨一無二的家。所以她經常親自手作許多創意，例如我們發現很多櫥櫃的門把都是大小不同的盤子所鑲嵌，這些盤子都是不經意收集而來，卻被靈機一動化身成門把，常常成為來訪賓客熱情詢問的話題。

丁薇芬設計師表示，任何可以自己設計的物品，她都儘可能的給予屋主專屬的訂製服務，例如浴室裡的浴櫃和鏡子，就不會是現成購得的款式，她在鋪設磁磚的同時嵌入鏡子，搭配馬賽克鑲邊，讓鏡子與牆融為一體，特殊手法讓浴室更顯優雅與細膩，也是因為這種種的設計堅持與服務，讓她與屋主們最後都能成為知心好友，熱情的分享彼此生活，如同這一個招待所就已經被一位裝修中的屋主預約為臨時住所囉！

7.主臥浴室的部分同樣開了大面窗來賞景，獨立型的浴缸令人格外有放鬆感，在大片綠意的環抱下，不用出門也能享受森林浴。

8.主臥房的格局同樣以引進窗外綠意為主，甚至將地板延伸至玻璃窗外，讓人與自然無距離，搭配設計師與女兒親手設計的彩繪玻璃窗，繽紛色彩和綠意相互襯托。

9.主臥房與浴室之間的彩繪玻璃窗，鮮艷的色彩令人行走在空間中，心情自然愉悅明亮。

住宅知識王

1.為了呼應空間的自然風情，設計師不僅以玻璃取代實牆，更以穿透感的柱列做為區隔空間的元素，她選用極為稀有的圓形原木柱，從客廳一路延伸到樓梯間，也成為動線上最具自然味的裝飾。

2.每一根木柱都是採上下挖槽嵌入的活動式設計，只要一個人就可以輕鬆拆卸，優點是在空間中搬運家具或大型物件時不會被阻擋，是十分務實的設計。

採光技巧 ▶ 減法建築

降溫技巧 ▶ 綠化植栽

舒壓技巧 ▶ 紅檜材質

控溫技巧 ▶ 珪藻土牆

漫步於活力光廊中 舒壓健康的養生豪宅

即將屆齡退休的屋主，以自地自建的方式為自己與家人蓋了這棟人人稱羨的庭園別墅，除了在建築內外規劃了享有豐沛採光、大量綠化與自然美景的設計外，在室內更以健康與退休生活為主題，打造出兼具奢華品味、娛樂饗宴及舒適悠然的養生豪宅，同時也讓已經成年的孩子們在自己獨立的樓層中，享有各自品味的生活空間。

採訪｜許軒鐺　設計暨圖片提供｜義德設計

義德設計(一店)
設計總監：葉明原

電話：04-2299-1188
地址：40667台中市北屯區文心路三段1029號
網站：www.yd-design.tw/contact.php

義德設計(二店)

電話：04-23270770
地址：40862台中市南屯區文心路一段392號

一樓大廳除了超寬敞的格局與三面開窗的景觀視覺饗宴，天花板上鋪以自然紋路的紅檜木材質，既除濕又可散發芬多精。

逐層退縮規劃綠建築，創造層層大露台好採光

屋主在與建築師討論設計時便朝綠建築的方向思考，在建築結構上特別以逐層退縮的設計，一來可增加室內採光面積，藉以讓室內獲得充足的光線與殺菌效果，以及流暢通風等好處。另一方面，也讓每一層樓均擁有大露台的條件，由於屋主孩子皆已成人，除主臥房擁有獨立樓層外，二位孩子也各自坐擁單一樓層的臥室起居空間，若再加上獨立的大露台則有如獨門獨院的格局，如二樓主臥室以典雅、靜謐設計為主軸，三樓大兒子則為自然休閒風，至於在四樓的小兒子強調夜店酷炫色彩，每位成員都能享受自己鍾情的風格設計與完整的生活空間。

2

3

建築外圍大量植栽綠化，提高環境含氧率

考量屋主未來退休後在家養花蒔草，因此在建築物周邊與每層樓的露台均種植大量的綠化植栽，不只讓屋內外可以接受植物避蔭而達到降溫效果，大規模植物進行光合作用也增加空氣中的製氧率。透過室內的大面開窗，一樓開放格局的會客大廳，三面採光的設計可穿視庭園景致，泡茶區更是如置身林蔭之間，充分展現休閒的舒壓設計。

大廳紅檜天花板造景，散發芬多精與天然美感

屋主收藏的藝術品相當多，為此特別在一樓設計寬敞的會客大廳，搭配超大展示櫃作主牆來陳設藝術收藏品，讓賓客增加聊天話題。而在客廳與泡茶區之間可見到設計訂製的琉璃屏風，除具裝飾性外，與多面向光源相互交織呈現光影之美。另外，還有天花板上裝飾的珍貴大片紅檜實木，其天然紋路與柱蝕有如鬼斧神工般優雅，更重要是紅檜既可調溼，又有芬多精香氣可散逸在空氣之中，讓人更覺神清氣爽。

天井與珪藻土牆設計，避免地下室陰暗潮濕

地下一樓規劃健身房與KTV娛樂室，格局上採取機動的推門隔間，平日完全打開方便空氣流通，有需要隔離時則可分開使用。除此之外，擔心地下室容易有陰暗潮濕的不舒適，在牆面上選用了珪藻土來達到吸濕除臭的設計。另外，當初建築規劃時就先幫地下室開設天井，為健身房旁引進一抹陽光，搭配綠化設計的牆面則有助於去除暗房的穢氣，讓家人運動、娛樂時也更健康。

1.三樓為大兒子使用樓層，以自然休閒風格為主軸，在客廳以磚牆及千層玉石材鋪陳立面，搭配木材剖面的裝飾展現健康活力。
2.主臥室旁配備有專屬的吧檯與座區，讓夫妻可以在閨房談天，其背後有兼具展示與收納的櫥櫃設計。
3.二樓主臥室以滿鋪的木地板營造自然舒壓感，搭配屋主收藏的金箔畫作來設計床頭主牆，呈現典雅而具藝術氣息的設計。
4.三樓連接客廳的餐廳，以休閒感重的中島檯面規劃，搭配情境燈光變化，夜晚也能化身小酌吧檯。

8

9

5

6

7

5.四樓為了滿足小兒子喜歡的夜店風，在色調上選擇染黑木皮與黑色組合，再以燈光來變化出酷炫感。
6.四樓餐廳則以紅色櫃體與白色吧檯作為空間跳色，搭配天花板造型與LED燈光設計，讓夜晚更多彩。
7.吧檯區以大面積鏡面反射，更有拉開景深的效果。
8.四樓衛浴空間與大露台的造景結合，讓身心靈的塵垢再此可以一次滌盡。
9.每層樓的露台上均種植了大量的綠化植栽，不只達到降溫效果，植物進行光合作用也增加空氣中的天然製氧率。

住宅知識王

1.於一樓大廳外設計有水瀑景牆，並以24小時的流瀑運作來衝激出大量的水霧，讓空氣中增加有益於身心的負離子。
2.水霧的產生也可帶走空氣中的灰塵，使環境中的落塵量降低，空氣更清新自然。

從木地板到地毯的選購搭配裝修術

冬天，擁抱暖暖溫度最幸福！

第四章 冬保暖

1

實際應用篇

5種視覺 × 觸覺的溫暖效果建材推薦
選對地坪材質 給你暖呼呼的幸福溫度

2

實際搭配篇

圓形+方型+牛皮地毯的空間層次加分術
美型地毯抓對比例 溫暖隨性自在的氛圍

3

居家空間示範篇

山居中的圍爐生活 心靈環保自動運作
40年老屋整建計畫 打造通風防潮健康宅

選對地坪材質 給你暖呼呼的幸福

5種視覺×觸覺溫暖效果建材推薦

在冷冷的天氣中，踏在冰涼涼的地板上，感覺涼氣好像從腳底直逼心裡。想要有溫暖舒適的地板材料嗎？就讓我們推薦5款地板材料，讓你無論看的、摸的、踏的、甚至全身都籠罩在暖暖春意中。

心暖推薦建材 1

木地板篇

木地板運用達人
丰彤設計 張書源設計師

具溫潤觸感的木地板，是營造柔暖氣氛與自然氣息的最佳主角，也是個風格百變王。在建築材料與技術日益更新的時代中，除實木地板外，克服台灣潮濕氣候的海島型木地板與環保材料的軟木地板，都具備塑造讓人心暖的天然風采。

丰彤設計張書源設計師表示，許多年輕的屋主喜愛使用海島型木地板來增添居家的溫暖，但如何將木地板運用在較具現代氛圍的客廳呢？他建議可以選用經過炭化處理的橡木地板，利用它自然深淺的變化與特殊的觸感，更加映襯白色皮革沙發和灰色單椅的純粹設計感，打造出質樸又現代的居家氛圍。而餐廳部分則可選擇和木質面板廚櫃、木作餐桌椅相呼應的木地板，活潑餐廚空間的鄉村風味。對於木地板來說，搭配誰就像誰，沒有風格問題的！

圖片提供｜丰彤設計

科定企業提供

7000元起／坪

觸感溫暖指數 ★★☆
視覺溫暖指數 ★★★
容易清理指數 ★★☆
價格實惠指數 ★★☆

實木地板

天然溫和 高質感的黃金首選

實木地板色澤美、觸感佳、質感上乘，最容易顯出居住空間的價值感。最受設計師歡迎的是柚木、紫檀木、花梨木等深色系地板，不僅搭配容易又可型塑溫暖氛圍。其中柚木因硬度適中不易變形，機械性質強加工容易，且耐久又耐蟲，是最佳選擇。若家中空間較小，建議將木地板直鋪，可以擁有視覺的開闊性；若家中空間較大，則可用較多積材以拼花手法，讓空間顯現獨特的華麗工藝。

施作與保養：

・地板業者建議，潮濕多雨地區與地下室最好避免使用實木地板。
・有髒汙時，只要用吸塵器將地面吸淨後，再用擰乾的濕抹布擦拭即可。儘量不要泡水與打蠟，泡水會使地板發霉變形，而打蠟則會堵住地板的毛細孔。
・若怕刮傷地板，家具腳底可加襯墊，有小刮痕時可利用細沙紙輕輕抹平，再上保養劑。

美化家庭資料庫提供

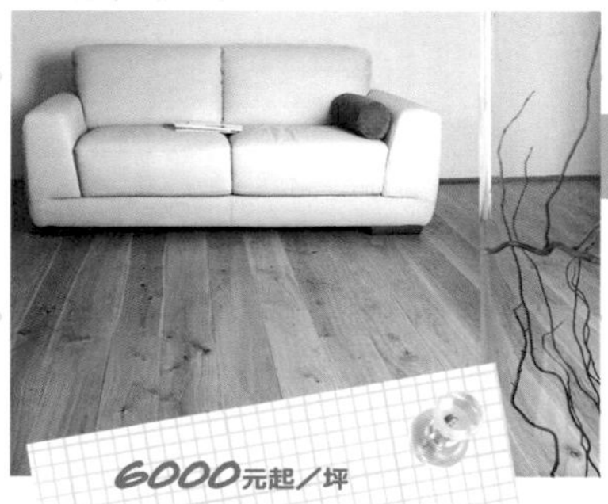

6000元起／坪

觸感溫暖指數 ★★☆
視覺溫暖指數 ★★☆
容易清理指數 ★★
價格實惠指數 ★★★

海島型木地板

穩定自然 防潮性佳的好素材

考慮到防潮問題，北部地區有80%以上的木地板都使用海島型木地板，而預算較少的年輕屋主，也會選用它。近年木地板流行以自然塗裝的方式呈現，讓木質、木紋與木節更加明顯，也讓使用者較不易因碰撞刮痕而心痛。在色彩搭配上，大比例的地板面積和家具以跳色的方式呈現空間的層次，例如：選擇淺色系的家具就適合搭配深色地板。若是想展現粗獷風味就可使用多木節的地板。

施作與保養：

・施工拼貼時需注意在牆壁四周留下伸縮縫，避免熱脹冷縮造成擠壓。
・適當除濕並保持通風，避免陽光直接曝曬，造成顏色褪色與變形。
・因上層實木表層薄，多次翻修較易對貼皮造成損傷。

台灣唯康提供

8000元起／坪

觸感溫暖指數 ★★★
視覺溫暖指數 ★★☆
容易清理指數 ★★☆
價格實惠指數 ★☆☆

軟木地板

保溫緩衝 提供好踏感又安全

如果家中地板較薄或怕孩子玩耍吵鬧到樓下鄰居，選擇軟木地板是一兼二顧的方法。以地中海地區長年生長的黃柏木之樹皮為主要製品的軟木地板，其質輕、彈性佳，具有良好隔熱與隔音功效。不只具有天然木紋，更有以專利的工藝製成仿地毯的多種變化，提供多樣圖案的選擇。因其溫暖與柔軟的特性，設計師會將它應用在小孩房、老人房，提供保溫或跌倒的緩衝，是兼具舒適與安全考量的地板材料，當然，它也是視聽音響室的最佳選擇！

施作與保養：

・百年酒桶的軟木瓶塞可證明軟木具有優異防水性，因此不易受浸泡而變形。
・專家建議完工後，再上一層專用保護漆，讓軟木地板更耐久並容易保養。
・如同木地板僅需以濕抹布清潔，軟木地板也可用同樣的手法處理咖啡、果汁等汙漬。

圖片提供｜春雨設計

心暖推薦建材 2 地磚篇

復古磚運用達人 集集設計 王鎮設計師 & 仿木紋磚運用達人 春雨設計 周建志設計師

台灣多變的海島型氣候所帶來的潮濕與悶熱，是許多居家空間地坪選擇鋪設磁磚的原因。而且磁磚抗潮性佳、好保養，擁有多元的選擇，非常容易表現設計的趣味。隨著製造技術、設計水準的提升，磁磚工藝設計出現復古磚、仿天然木紋的木紋磚等異材質的產品，讓居家空間也能擁有同樣溫馨的視感。

明亮採光與木紋 散發鄉村風味

美式鄉村風格如何呈現道地原味？地板材料的選擇是關鍵，設計師於廚房挑選木紋磚，以人字型交錯排列，搭配明亮採光與實木橫梁天花，散發濃厚鄉村家庭風味。

型塑溫馨天地 捕捉歐洲光影

溫暖水泥砌磚牆面所形塑的空間中，設置了舒適的絨布沙發與復古燈具，搭配溫和淺色復古磚，如此溫馨懷舊感，讓人彷彿置身歐洲的鄉村小鎮，體現慢活的生活氛圍。

圖片提供｜集集設計

羅特麗提供

復古磚

風味濃厚 鄉村歐風的代言人

想要有容易清理保養又有溫暖且濃厚歐風的地坪建材，選擇復古磚就對了！因具有毛細孔可調節空氣濕度，特別適合台灣氣候，而其特有的樸拙感，易於塑造歐風或鄉村風，將它鋪陳在空間中具有無邊際的懷舊想像。在搭配技巧方面，由於磁磚工藝設計水準的提升，目前有濃厚、柔和各種色系的磁磚可提選擇。然而設計師提醒：由於復古磚的性質顯著，設計上易被定調，不容易更換室內裝修風格。

施作與保養：

- 因室內地磚處於較封閉的室內空間，建議應留2-3mm及四邊靠牆伸縮縫，才不易因為熱脹冷縮變形。
- 與一般磁磚拼貼施作略有不同，一般拼貼會希望盡量縮小伸縮縫，而復古磚則利用較大的溝縫，反而可以塑造樸拙感。
- 只需在碰到汙漬的第一時間用濕抹布清潔擦拭，就不容易吃色或變髒。

7900元起／坪

觸感溫暖指數 ★☆☆
視覺溫暖指數 ★★★
容易清理指數 ★★★
價格實惠指數 ★★☆

羅特麗提供

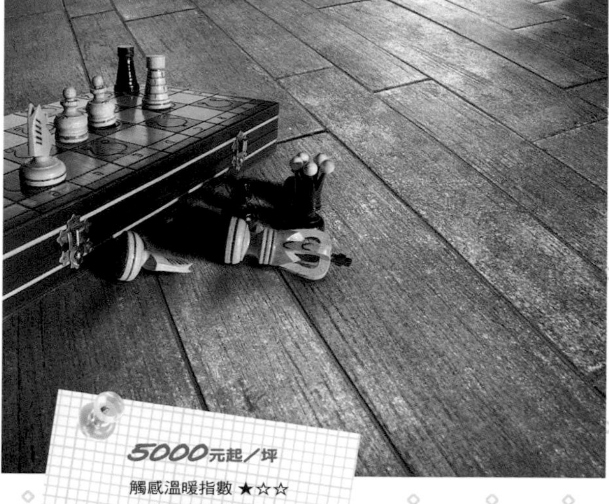

木紋磚

視感溫馨 木地板的最佳敵手

想要擁有木地板的溫暖視感卻又不想提心吊膽怕刮傷地板的屋主，硬度高且耐刮、防水又易於保養的木紋磚，具有另一種輕鬆體驗的魅力。設計師有時會將它搭配木地板一起使用，讓易有油煙的廚房或水氣較多的浴室都可以擁有木地板的視覺感。隨著環保意識的抬頭，越來越多人選擇使用木紋磚，再者不受印刷方式及尺寸的局限，木紋磚的色相豐富多元且尺寸完整，除了擁有細膩木紋外，甚至也有立體溝紋，可說是木地板的最佳敵手。

施作與保養：

- 施工時千萬不可以無縫施工法施工，才不會因冷縮熱脹造成「澎拱」現象。
- 由於木紋磚多為長條型設計，所以在黏貼時，建議以平貼方式進行，避免讓地坪明顯的不平。
- 沒有傳統木作施工的繁複，也不需刻意保養，是花最少心力照顧的地板。

5000元起／坪

觸感溫暖指數 ★☆☆
視覺溫暖指數 ★★★
容易清理指數 ★★★
價格實惠指數 ★★★

美型地毯抓對比例 溫暖隨性氛圍

圓形＋方形＋牛皮 地毯層次加分術

精準的建材運用讓家的設計質感大大提升，而軟件佈置則能型塑家的風格，不論長毛、短毛或是各式色彩，地毯在空間裡的存在成為視覺焦點，也是完整設計的決定性關鍵，不要因為擔心難保養而忽略了這重要的軟件存在，讓我們從懂得如何選購搭配、到保養維護，一同在冬日裡為家中添購這溫暖入心的貼心新成員。

弧形自由的隨性風格

圓形地毯打破界線限制，襯托家具層次更分明

整體空間設計以開放式的設計，讓牆面以弧形狀的呈現法，打造整體空間無拘無束的自由氛圍，設計師王俊宏表示，之所以在這個空間選擇大型的圓形地毯，除了呼應弧形的牆面設計，也和家具的搭配很有關係，首先沙發的部分選擇linge rose的經典TOGO椅，不似一般沙發的制式設計，讓TOGO椅靈活可隨意移動的特性呼應空間的開放寬闊，加上茶几也搭配了不規則的形狀，所以利用圓形的地毯，打破界線的限制，講究舒適自由的隨性風格，在沙發主角、茶几次要和配角沙發三方關係間，層次分明取得絕佳平衡。

選擇和地面顏色略有色差的地毯

在地毯的顏色選擇上，也是以層次分明為主要原則，例如要讓空間氛圍舒適自然，便選以淡色系的地毯為主，但同時得注意地面的色彩和地毯之間的關係，要和地面顏色略有色差，才能讓視覺層次明顯而出色。

圖片提供｜王俊宏室內設計

圖片提供｜尚藝室內設計

凝聚空間的中軸力量

方塊毯整合不同家具，凝聚LOFT強烈風格

地毯的使用不只有在浪漫典雅的風格中，粗獷的工業感設計也能藉由地毯力量完整風格設計，設計師俞佳宏表示在LOFT的空間中，家具的擺放方式自在隨意，在地毯搭配上便選用方型的塊毯放在兩張不規則的茶几下，藉由方型地毯的規限，成為中軸力量，凝聚隨意散放的家具，而配合材質的自然感，選用長毛而不複雜顏色的地毯象徵自然草皮，並以柔軟的軟件佐以粗獷的硬體設計，帶來衝突的美感，讓場域設計更具個人化的強烈風格。

抓對家具和空間的最佳比例

為了塑造空間的大器底蘊，方型大片塊毯的大小選擇，以使用的家具比例為主，最佳的地毯大小，需大於放在空間四周沙發的五分之一的寬度，才能整合串聯空間裡的家具關係。

地毯豆知識

天然、人造材質大不同

群群地毯來解答：

天然

一般的天然材質大多分為羊毛和絲，天然的材質有其毛細孔，例如羊毛就可利用毛細孔達到吸濕和排濕的功能，可以用在略微潮濕的居家空間做調節，但因為天然纖就，會略有浮毛現象，如果是對棉絮極度過敏的家庭，可能需要注意；而絲類多為蠶絲，保暖效果佳、也十分柔軟，天然材質的地毯觸感柔細，但卻因為有毛細孔之故也更容易吸附煙味和異味。

人造

市面上可見尼龍、P.P.和最新科技的smart strand。尼龍材質地毯因為織法和編紗線技法進步，可以擁有非常柔軟觸感；而P.P.材質彈性略差，容易因為桌椅長期壓力留下印痕；最新發明smart strand材質，是美國利用不可食用的基因改造玉米油提煉，減少石油上的耗費，更讓紗線零毛孔，沾上任何汙漬都能輕鬆清潔，觸感介於尼龍和P.P.之間。

圖片提供｜地所設計

呼應收藏品的內斂設計

方塊毯為中心，打造動線流暢的中島型客廳

訴求以動線流暢的中島型客廳，方正的格局中，以地毯為中心，串連沙發茶几等家具和凝聚動線，地所設計表示，雖然大面積的地毯能打造空間的大器感，但是如果空間的坪數較小，則是不適宜擺放的，而正因本戶客廳寬敞，設計師便以現成的大塊毯為中心，凝聚沙發組和茶几等物件，讓沙發以不靠牆的形式，打造動線順暢、流動性高的中島型客廳。

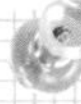

低調空間設計成就收藏品，達成屋主所需

因為屋主擁有眾多收藏，這張購於中國的全蠶絲地毯也不例外，為了要讓空間容納這些精細的收藏品，簡樸空間的裝修，反而著重在襯托這些家飾精品，同時也才能將地毯的層次質感突顯無遺，並在寬敞的地毯上搭配金箔裹包膜的方型茶几，顏色和形狀上下呼應，溫暖而高貴的色調中，也完美屋主的需求。

地毯豆知識

尺寸、價格選購關鍵報你知

群群地毯來解答：

尺寸

群群地毯門市店長表示，選擇地毯的尺寸，是整合空間整體性的重點，也是選擇地毯的第一大原則，在地毯的尺寸計算來說，幅寬多為360到400（材／平方公尺），一般用於居家空間的地毯，要以能壓進沙發裡1/3至1/2的大小為測量標準，而在布款的幅寬範圍內，可以量身訂作形狀裁切。

價格

影響地毯價格因素多，有時尼龍甚至會貴於純羊毛地毯，在於用紗量、工廠產地、機台和設計都是關鍵；而羊毛一直是地毯主流，產地來自於中國、紐西蘭和英國，這三種國家的氣候不相同，羊的毛色質感也有差別，但在價格上卻沒有因為產地而有分別，而是要從紗線編織的完整度判斷價值，所以地毯價格沒有準確地明訂，還是要依綜合條件為準。

圖片提供｜十分之一設計

從外而內的自然時尚

不規則牛皮毯特色，表現空間自由開闊

為引景入室、內外呼應，十分之一設計的任萃設計師選用漂流木、椰纖等自然材料，減低純白空間裡的人工感，添入自然光景，而地毯則選不規則形狀的牛皮毯，藉由非塊毯或圓形地毯的型態，利用沒有框限的不規則牛皮形狀，讓開放空間真正拿掉格線限制，更依賴牛皮毯本身自然的棕灰色彩，配合漂流木、椰纖等多樣建材引入自然氛圍，引景入室的同時，也讓闊然的開放式空間更無阻，也打破一般人對白色空間的刻板印象。

家具的擺放位置，地毯搭配的成功關鍵

沙發和茶几等家具，在空間比例中占了決定性的關鍵，如果客廳空間中有選用茶几，那沙發擺放時需要壓到地毯一側，而如果選用的是邊几，那沙發就置於地毯的邊緣，便能調整出空間整體搭配的完美比例。

地毯豆知識

好好保養也能長久好用

群群地毯來解答：

沾上汙漬時…

地毯最怕沾染上有顏色的髒汙留下汙漬，如有萬一就同保養衣物一樣的方式，先用面紙吸取表面附著的多餘汙漬，再用洗手乳稀釋清潔再拿吸濕紙巾吸乾即可，但千萬不可以使用漂白水，造成地毯的破壞。

遇掉落毛髮過多時…

鋪上地毯和光滑地面的差別，在於地毯有抓牢毛髮的功能，不會像光滑的表面一遇風就會讓塵起飄颺，毛髮卡在地毯之中，只要用吸塵器就可完全乾淨掃除。

需定期保養時…

很多人會在家洗地毯或拿到乾洗店洗，建議最好送專業清洗地毯店家才是上策，因為地毯出廠時會噴上透明抗汙劑阻隔，不當清洗下會破壞這層保護，甚至無法完全晾乾也會造成黴菌孳生影響健康。

要為家裡挑一款什麼樣的地毯才好呢？現代人講求獨特自我，地毯的選擇不再只是單一色彩或基本形狀就能滿足的，多彩繽紛的色彩變化，加上不規則的多變形體，帶給空間前所未有的活潑力量，也讓地毯的變化更加豐富。

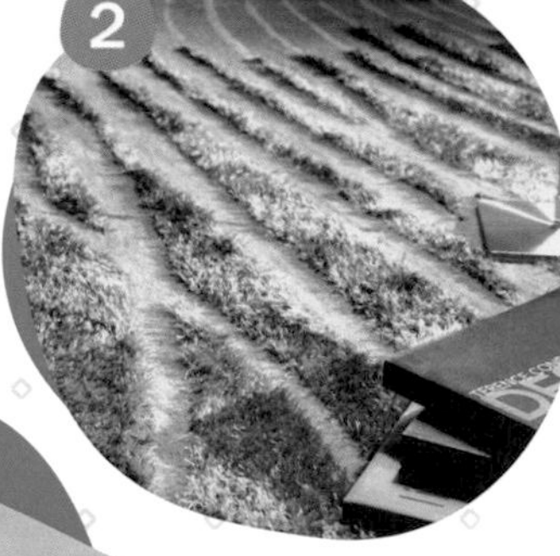

"10款地毯推薦 讓家立馬有型"

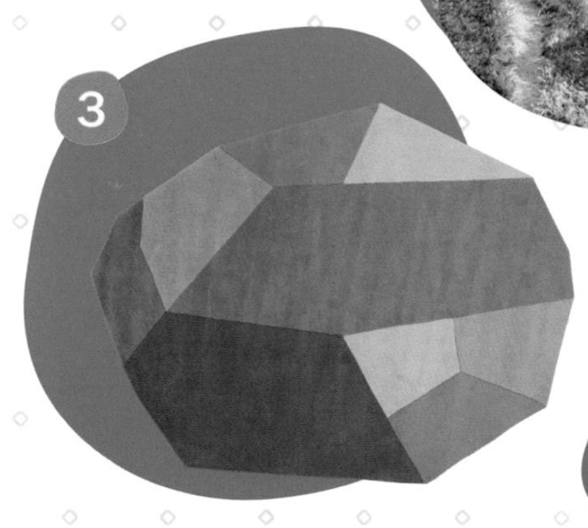

01／綠色馬賽克的普普風
綠色漸層排列的小方格，成為受人注目的馬賽克狀，讓沉靜的居家空間都能展現亮麗的迷人風采。(ESPRIT／宸欣國際)

02／明暗層次立體風
根據設計或織法的不同，地毯可做出立體分明的層次，呈現不同的精彩花紋，讓家中的地板也能成為虛擬花園般熱鬧。(群群地毯)

03／立體色彩搭配的真實風
利用色彩的立體搭配，打造如真實石頭一般的地毯造型，放在家中既有趣味看了也令人開心。(ligne roset／赫奇實業)

04／前衛時尚的藝術風
來自瑞典的設計品牌，當家設計師 Calle Henzel 大膽前衛的個人風格，將藝術與設計完美融合，作品中強烈的視覺效果與濃厚的藝術氣息。(HZL by Henzel／LOFT29)

05／黑色的隨性風
發揮法式風格的自在寫意，鏤空線條相互交織而成長形地毯，輕鬆展現獨具特色的個人風格。(ligne roset／赫奇實業)

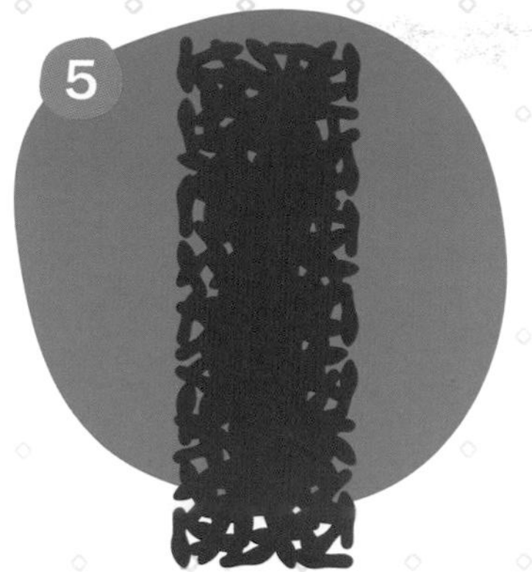

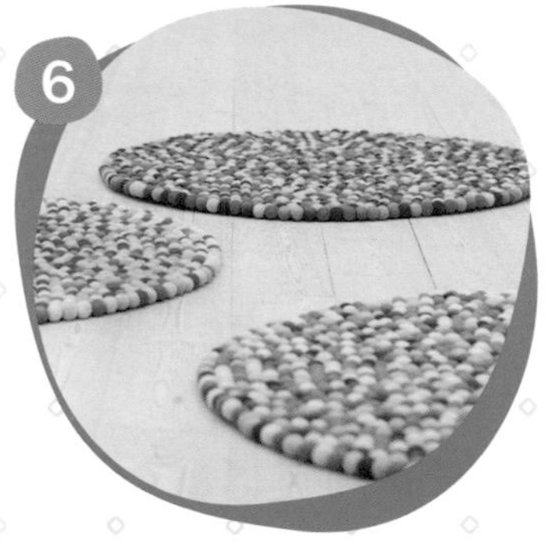

06／彩色羊毛氈的可愛風
純羊毛搓揉而成的羊毛氈，編織成色彩多樣化的地毯，亮麗活潑的色彩使搭配上更年輕有活力。(HAY／LOFT29)

07／大紅水玉的時尚風
德國品牌的100%印度手工地毯，設計了臥室專用的地毯，紅色的水玉圓形，為空間打造活潑的時尚氛圍。(Musterring／美閣)

08／紫色的成熟風
廣受女性歡迎的色系，運用紫色漸層編織而成的葉枝，在地毯上栩栩如生，嫵媚而美麗。(ESPRIT／宸欣國際)

09／中性色的自然動物紋
無論是天然材質的羊毛、或是人造的尼龍其各有千秋，而牛皮地毯或其他皮製地毯，則能讓家裡添入自然而無拘束的風格氛圍，不失為一種精緻特別的選擇。(群群地毯)

10／草綠色的溫暖風
墊在床腳的腳踏地毯，讓每天早晨下床時就能感受到柔軟又溫暖的觸感，地毯的圖案都可以依照客戶需求的稿樣，非常客製化。(Musterring／美閣)

控溫技巧 ▶ 玻璃+壁爐
舒壓技巧 ▶ 自然建材
通風技巧 ▶ 加大窗戶尺寸
保健技巧 ▶ 人體工學家具

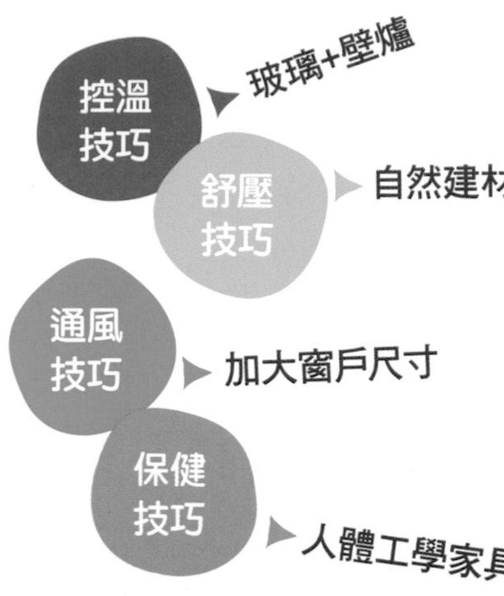

山居中的圍爐生活 心靈環保自動運作

現代人對於健康的意識越來越強烈，回歸到本質，最真正且重要的其實是心靈健康，這也就是為什麼居家設計往內探求走向舒壓的原因。大自然是最佳療癒系統，設計師充分利用環境，大面積開窗促進陽光、空氣與綠意對流，空間軸線四方延伸，自然材化室內與自然的界線於無形，每天體內環保自動運行，身心靈同時健康。

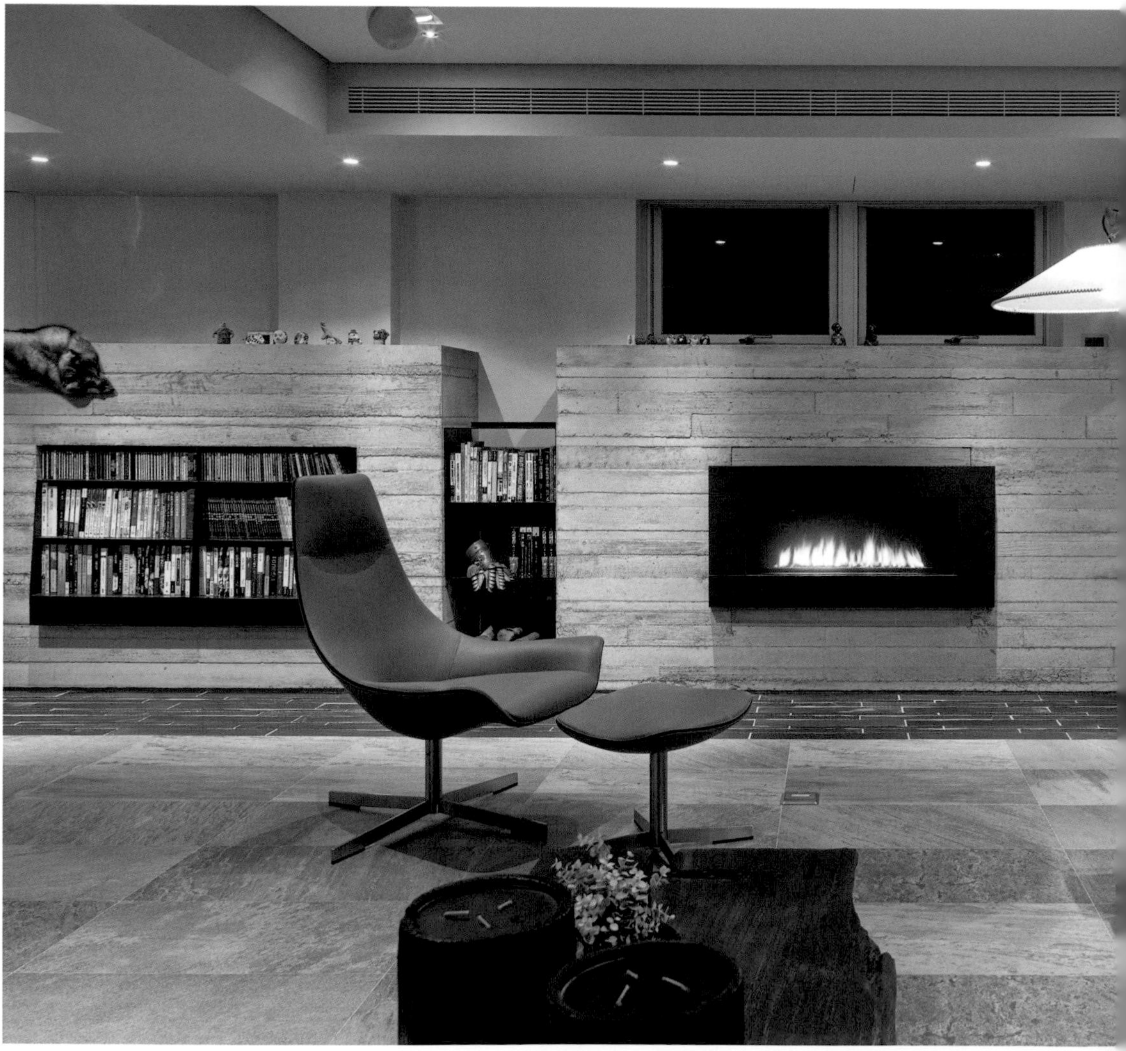

採訪｜溫智儀　設計暨圖片提供｜建構線設計

1.特地留下壁爐上方的開窗，斜倚沙發剛好欣賞樹梢。壁爐矮牆材質是水泥脫模，再配合三種不同木紋，突破對水泥刻板印象。
2.客廳中柱是電視櫃，另一面則是收納櫃。白天光線自在穿梭，各處設有燈光迴路，能夠調控不同情境照明。

2

1

建構線設計　沈志忠

電話：02-27660160
地址：台北市松山區民生東路5段69巷21弄14-1號1樓
網站：www.x-linedesign.com

自然材連結山林，回家如同森林浴

屋主夫妻屬於需要極度專注力、高壓的工作族群，當初選擇都市中的山區別墅，也是看重自然環境能夠解放龐大壓力，回家就像渡假。設計上藉由大量運用自然材，實木地板、板岩、石材、水泥，表現材質原始粗獷，將自然感帶入室內，回歸本質。開窗位置和角度都是經過精心設計，坐在各個地方都能夠欣賞美景，每個框景形成一幀風景照。例如保留原本建築的圓窗，坐在餐廳看出去剛好是一株吉野櫻，書房坐榻看出去便是一片保育森林，客廳沙發往壁爐上望去可見樹梢搖曳，小孩房的L型觀景窗更是視野遼闊，雨天靜靜聽雨看雨，歲月靜好便是如此。

空間形式：集合住宅別墅
室內面積：80坪
室內格局：兩房兩廳
家庭成員：夫妻、1子1女
主要建材：梧桐木皮、橡木實木拼接紋、柚木實木皮、柚木實地板、戶外鐵木木地板、天然板岩石材、木紋板模灌漿、特製鏽鐵、鐵件噴漆、清玻璃、明鏡、銀狐石、F1低甲醛板材、環保漆

4

5

運用玻璃和壁爐，調節家的溫濕度

所謂溫度和濕度，決定家的舒適度。雖然三面環山擁有好景觀，但是台灣潮溼多雨，尤其山區一到冬天，寒氣與濕氣總是令人難以忍受，不僅容易滋生黴菌，久而久之更會造成身體虛弱、時時畏寒。身為家的隱形保鏢，特別選用抽真空氮氣複層玻璃，能隔斷溼氣以及寒氣不入侵，內夾百葉，夏天適度調控遮陽達到控溫省能源效果，還可以防止灰塵堆積飄散，阻絕過敏原。裝設壁爐，滿足屋主喜歡冬夜在壁爐前品嚐紅酒的習慣，實質上調節室內空氣溫度和濕度，維持在體感最舒適的範圍。

加大窗戶尺寸，處處「風光」無限好

原本空間開窗較小，設計師為了打破室內與大自然疆界，盡量加大窗戶尺寸，客廳、書房、小孩房都能享受大面落地窗的無阻隔綠意，連客廳壁爐矮牆也刻意不做滿，留出上方的開窗。開放式空間，將多餘區隔降到最低，像是書房和主臥室私密空間的必要隔間，也改採兩進式的四片推門門片和拉門，就算把門全都關起來，各個獨立空間都還是有大面窗，彈性調整之餘不犧牲任何空間。四面八方大面積開窗，通風、採光和美景在空間中自由對流，天天徜徉如沐春風的生活。

3.客廳中央存在一根大中柱，設計師以重複的酸蝕鋼板手刷出鐵鏽斑駁感，化原本視覺阻礙成焦點，溫潤色澤平衡了空間色彩。
4.保存原本建築外牆的圓窗，用餐時望出去是一株吉野櫻，以櫻花佐食更添風味，實現屋主一個框景即是一幅風景照的想望。
5.小孩房旁邊有一區L型觀景窗，視野遼闊，能夠喚醒都市人被鈍化的美感與對自然的感動。
6.一進玄關，黑色板岩地磚與餐桌座向架構出空間軸線，向四方延展。黑色板岩直通露台，藉由地材鋪陳溝通內與外，虛化界線。

8

9

7

115度人體工學，不再全身痠痛

坐著也喊累、躺著也頭痛，這不是公主病也不是無病呻吟，可能是椅子和空調方向有問題！屋主在繁忙工作一整天後喜歡放鬆看書，設計師仔細研究最舒適的人體工學是115度，為屋主打造最舒服無壓的斜躺坐榻，並且在轉折處做出微微向下凹的弧度，剛好貼合臀部線條，久坐也不會造成神經壓迫疲勞。考慮到屋主一家人的座椅位置和睡眠方向，冷氣不用側吹，改採取下吹下迴方式，避免直接正對人體吹拂而造成頭痛或是筋骨痠痛。健康住宅的關鍵就藏在每個細節中。

住宅知識王

1.浴室是經常潮溼的地方，容易長黴菌，保持通風最重要。
2.防水工程必須做得非常紮實，以彈性水泥與玻璃纖維層層鋪疊，最後才貼磚。
3.注意地板洩水坡度要完整，櫃體不要與地面接觸，櫃體與牆之間以矽利康斷水，如此可避免由接觸部分開始發霉。

7.115度的斜躺坐榻，在轉折處微下凹的弧度，完全符合人體曲線，自然採光是最佳照明，享受最愜意的看書時光。
8.以四片推門門片做為由公共空間進入書房的過渡通道，完全關上時形成完全平整的牆面，自由決定空間屬性。
9.主臥室衛浴壁磚是由印度進口，它有非常特別的質感，而且乾濕不同色。屋主太喜歡，選擇將鏡子做成隱藏式也不願遮住壁磚。

採光技巧 ▶ 大落地窗

舒壓技巧 ▶ 減輕樓梯

通風技巧 ▶ 開放格局

防潮技巧 ▶ 波龍材質

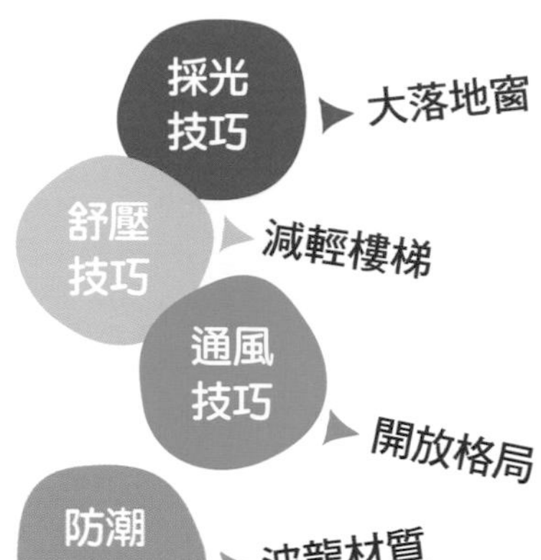

40年老屋整建計畫 打造通風防潮健康宅

40年屋齡的別墅建築，基地本身所在地區較為潮濕的情況下，壁癌、採光、通風等問題，影響生活與健康，王俊宏設計師針對以上問題，再深究舒適、舒壓、環保、自然等語彙意境與機能氛圍的表現上，與環境建立互動的關係，積極實踐以健康生活為目的的空間概念，透過設計，建立家人互動情感，有效放鬆五感感知的感受。

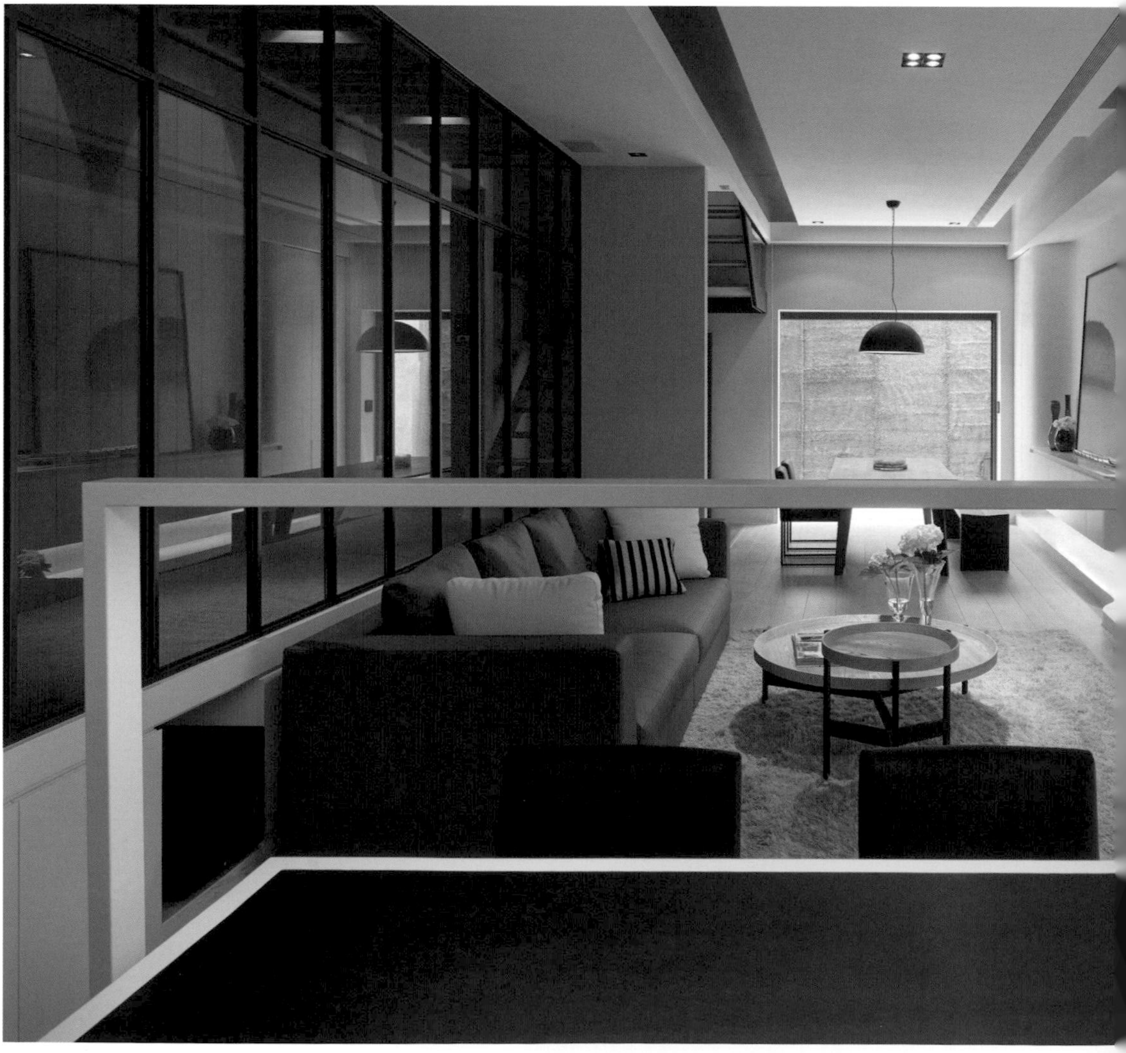

採訪｜Lillian 設計暨圖片提供｜王俊宏室內裝修設計工程有限公司／森境建築工程諮詢有限公司 攝影｜KPS游宏祥

1.餐廳、視聽區、書房以開放、同一軸線的設計規劃，有效的放大、連貫空間開敞感受。
2.樓梯以鐵件、木作、玻璃等媒材，規劃設計輕盈、通透的意涵。

2

1

王俊宏室內裝修設計工程有限公司
森境建築工程諮詢有限公司
王俊宏、曹士卿、周怡君、黃運祥、林儷

電話：02-23916888
地址：台北市信義路二段247號9樓
網站：www.wch-interior.com

重新規劃相關基礎工程，強調結構與連貫

由於建築本身40年的屋齡所致，許多基礎結構都需要加以重新規劃、補強或修正，如：管線必須全部重新換新，以建立安全無虞的生活環境，地板、天花的結構加強、採光、通風的重新設定，格局、動線的重新規劃，目的都是要重新建構出空間開闊、明亮、流動、連續性的舒適感受。

樓梯的所在位置，大大的決定出空間動線使否流暢，以及是否讓空間達到區域劃分明確的目的，主要在設計上，針對公私領域機能設定完全分開，讓區域間的屬性更為明確，動線也容易顯得流暢，機能更佳豐富而多元。

空間形式：透天別墅
室內面積：72坪
室內格局：四房三廳
家庭成員：夫妻、1子
主要建材：鐵件、噴漆、超耐磨地板、鋼刷木皮、波龍

4

5

更改樓梯動線與結構，強調動線與舒壓

樓梯的動線與結構，在以別墅形態為主的空間當中，占有相當舉足輕重的地位。原本樓梯結構上面臨著面寬不寬、造型過於壓迫等問題，所以從設計上，針對扶手、踏階等材質均全部重新規劃，連帶動線也全部變動，目的在於利用樓梯設計，造成空間的輕盈感，紓緩壓力，並經由二折式的設計，大大減輕原始樓梯動線冗長的距離感受，同時透過設計刻意延伸而出的區塊，形成上下行動間可以暫時停留、遠眺風景、有效減壓的過渡地帶。

退回地下室增建部分，強調通風與採光

地下一樓原有的餐廳空間，藉由設計，退回原有增建部分，符合原本建築結構的安排，並透過落地玻璃門窗活絡室內外的表情，確立空間開闊與延伸感受，陽光也就順理成章的成為空間裡最活躍的一份子，消長的律動與線條，層次分明的延續線面明亮的生活表情，解決原始結構中的採光不足問題。

而王俊宏設計師更將餐廳、視聽區、書房以開放、同一軸線的設計規劃，有效的放大、連貫空間開敞感受，一掃侷促、陰暗、擁擠等格局陰霾，擘劃出通風、採光極佳的生活環境。

3.客廳空間以低彩度的家具、顏色、材料規劃，有效的紓緩生活壓力，建立輕鬆氛圍。
4.藉由通透的介面規劃，引申設計感與通透感之外，也可建立機能的豐富性。
5.樓梯經由二折式的設計，減輕原始樓梯動線冗長的距離感受。
6.沙發後方藉由樓梯踏階的高度落差設計，規劃出獨立的廊道與隱藏式收納、客浴空間，滿足需求。

7

8

9

使用波龍塑料編織媒材，強調防潮與環保

此戶材料的使用上，王俊宏設計師針對建築本身的潮濕問題，特別選用波龍塑料編織地毯，由於此項產品是全世界唯一用蔬菜油作塑化劑的地毯，更於2008年取得綠建材標章，能直接用水清洗保養，具有環保、防黴、防水、耐磨、滅音等特性，提供10年的保固，經久耐用且容易清潔，具有紡織品的質感，同時兼具乙烯基的實用價值，防潮與環保性極佳，具有現代感及簡單自然風格與濃郁的藝術氣息，不論材質、式樣，均能滿足具備個性的風格設計。

10

住宅知識王

王俊宏設計師建議，在圓弧造型上，選用密底板，不僅在現場容易上漆，和其他板材在接合與彎曲的密合與角度上，也都較為平順。

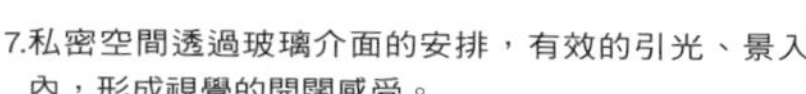

7.私密空間透過玻璃介面的安排，有效的引光、景入內，形成視覺的開闊感受。

8.主臥空間以弧形的櫃體造型，圍塑空間優雅而舒適的休憩表情。

9.利用收納空間與廊道的規劃，建立空間於機能上的轉換與變化。

10.將洗手台獨立規劃出來，安排更多元而豐富的的生活機能。

第五章

環保建材 挑選指南

全能木地板　紅不讓的自然風
樂活塗料　幫家添上好氣色
健康板材　為家構築好基因
人造檯面　「食」在健康又耐用
甲醛清除　遠離病住宅
空氣清淨機　脫離過敏症候群
隔熱建材　避免UV侵襲維持感光
百搭磁磚　營造自然生活場景

第六章

居家無毒 清潔術

打造無毒健康居家 先從換「清潔劑」開始吧！
國外最夯的天然清潔法 DIY就是這麼簡單

裝修綠建材挑選全攻略 入住無毒健康宅

『木製裝潢板材驚見甲醛超標18倍、不合格率15%！』

看到這樣的新聞您是不是也覺得心驚驚？不知道每天身處的環境是否安全呢？日新月異的科技，同時帶動裝修房子週邊建材的快速發展，不僅讓低甲醛不再是口號，還有產品能調濕或分解有毒物質；不但是建材力求環保綠化，連製作工法都有新看法與堅持，讓房子住得更安全也更安心。

地板類

Keyword：環保、耐磨

隨著環保聲浪及實木建材取得日益困難等環境因素，複合木質地板、超耐磨木地板、竹地板、軟木地板，甚至是塑化木地板漸漸成為明日之星。無論是環保森林或永續林產的環保再生材，或者是無毒、低甲醛的健康特性，就連消費者在意的耐磨、抗壓、耐用、清潔保養容易等問題，更不用說表面木種多、紋路多、色彩多，更展現出高度設計感。更重要的是：環保、無毒、健康、高品味的安心生活環境。

塗料類

Keyword：淨味、抗菌

別再以為塗料只是裝飾居家色彩！好的塗料能預防房子發霉、牆壁剝落，甚至能調節空氣濕度、吸附臭味，減少過敏原產生，給家人最健康的樂活環境。從抗菌防霉漆、低甲醛或零甲醛漆，到具備調濕、除臭的硅藻土，以及添加甲殼素、奈米銀或空氣觸媒等元素的健康塗料，去除環境中影響人體健康的有害因子，發揮防霉、防污、抗菌、分解與除甲醛的多重效果。

板材類

Keyword：低逸散、綠建材認證

如果發現房子有發揮、有機化合物，其實主要來自家具。自2008年起，經濟部標準檢驗局規定，板材甲醛含量必須符合F3級（E1級）以上（甲醛含量1.5mg/L以下）才可用於室內裝修、系統家具。近年來板材趨向多元化，除了強調防火、防震及耐燃等基本功能外，還開發出具有抗菌、防潮、負離子等特殊功能；此外，不僅通過台灣完整的SGS測試報告、綠建材標準，或是日本、德國、歐盟等地的認證、甚至板材也會來自具有森林永續經營的地區。

檯面類

Keyword：人造石檯面、石英石檯面

可散發遠紅外線的松華健康實體面材、耐熱性高達350℃的耐熱抗菌人造石、專利抗菌技術的西班牙賽麗石、具粒體感的火山系列人造石，可透光的杜邦可麗耐、通過食安的風暴石英石、異材結合的矽鋼石及超耐磨的閃星石，這些無毛細孔、無接縫、易清潔保養的人造石材成為最受歡迎的廚房中島檯面新寵。

空氣清淨類

Keyword：除甲醛、空氣清淨機

病態住宅症候群？過敏症候群？這些藉由空氣傳遞的有毒或污染因子，這下子有救了！藉由除甲醛的噴霧、甲殼素的塗料、HEPA及活性炭過濾等材料的幫助，可以大幅降低症狀。是一種經過光照後，可以分解有機物的物質，光觸媒透過氧化還原反應，能無選擇性分解所有的有機物。由於光觸媒是利用白金觸媒與二氧化鈦在太陽光（紫外光）下進行產生效果，須在室外紫外光充足處才可作用。

住宅知識王

綠建材標章，為健康把關

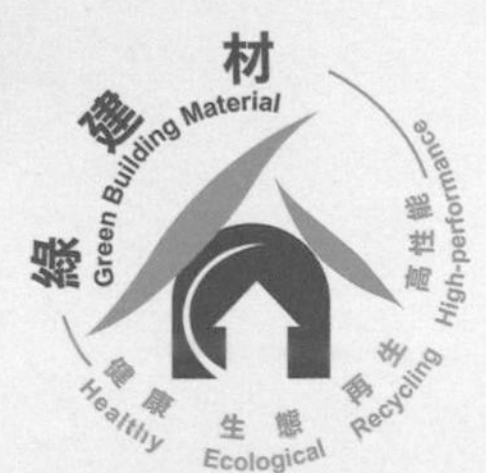

內政部建築研究所自1999年起推動「綠建材標章制度」，並於2004年7月正式上路，率先針對「健康」綠建材、「再生」綠建材兩類進行審查與標章核發，而技術部份則有綠建材「通則」以及「健康」、「生態」、「再生」、「高性能」等四類綠建材評定基準，2005年起全面開放受理申請，陸續推行多項鼓勵綠建材標章申請的措施與多方進行綠建材觀念之宣導。而綠建材標章自2010年起，其評定方式改採「指定評定專業機構」辦理，標章核發層級提升至「內政部」。

隔熱建材類

Keyword：隔熱貼膜、冰冰漆

屢次破歷史高溫記錄的艷夏，造成居家炎熱的原因百百種，常見的頂樓鐵皮加蓋、西曬或鄰棟過近導致的熱輻射問題，都是讓我們在家必須大開冷氣享受涼爽的原因。趕快為屋頂塗上降溫的冰冰漆、或戴上有如太陽眼鏡的隔熱貼膜，只要選對材料，節能省電、降溫一舉兩得。

磁磚類

Keyword：再生、擬自然

磁磚是使用陶瓷黏土、長石、陶石、石英等材料經高溫燒製而成的產品，依材質可分為陶質、石質、瓷質三類。依面積來分類的話，40cm^{2}以上為面磚、以下的是馬賽克磚。磁磚的材質與種類可說是琳琅滿目，從復古、玻璃、金屬、布紋、仿皮革等質感與色彩都「來真的」磚材外，在綠色的議題上：回收再製的磁磚、以高科技列印技術製作的仿石材、仿木紋，更是在營造生活環境的同時也兼顧自然，可說是備受歡迎產品。

地板類

【環保＋耐磨】全能木地板 紅不讓的自然風

在「不景氣，家還是要有舒適氣氛」的期待下，環保木地板因講究健康與環保的雙重優勢下，成為多數人裝修時的指定建材。除了溫潤的觸感，選擇對環境友善、無毒、吸音、隔音，具有健康概念的全能板材，讓木地板不是只有好看，也能為綠色住家盡一份心力。

環保塑化立德木，防水抗潮

含有60%左右木頭的合成環保木材—立德木GRM，不含甲醛、不含石綿與TVOC等有毒物質，無須添加防腐劑，色澤紋理近似原木，可用於蓋房子、表材和地材等處。因其抗潮濕，至今已施作在溫泉飯店的地面材，和潮濕的東南亞國家的壁面，均有不錯隔熱、環保成效。

資料及圖片提供｜立德綠建材

仿木「竹」地板，防蟲抗腐

自德國買下專利研究，研發出將「竹」轉化為「木」的技術，在製造過程中將竹子剖成絲，一隻隻用水煮到軟，煮的過程決定竹子顏色的深淺度，並不添加色素；煮後高溫壓縮成為硬塊，因竹子本身天然防腐，也就不怕吸水或滲入導致發霉等可能，且同時防白蟻又抗蟲。

資料及圖片提供｜馬來西亞商協升公司（伊諾華地板）台灣分公司

超耐磨木地板，「硬」是要得

使用高級的東南亞硬木為原料，混合出最佳的彈性與硬度，並堅持不另抽取硬木油，以維持防潮、防白蟻的優異特性。而且伊諾華更在表層加上三氧化二鋁的耐磨層，是全球唯一能製造零甲醛板材等技術，讓其成為最耐磨、吸水膨脹率最低、最抗污、防褪力最強的超耐磨木地板。

資料及圖片提供｜馬來西亞商協升公司（伊諾華地板）台灣分公司

能量健康地板，遠紅外線的健康

以家人的健康需求為考量的善念設計—Ua Floors，運用奈米科技將天然礦物材料奈米化注入木材導管孔當中，使其奈米材料可永存在地板中，而奈米天然礦物材料以能量轉換之模式，吸收環境中之能量，轉換為遠紅外線波長能量釋放出來，除了具有無毒、抗菌及健康功能之外，也不忘記回饋森林的植樹永續活動。

資料及圖片提供｜誌懋

天然活性碳軟木，隔音隔熱

天然活性碳軟木的製造過程完全天然化，利用大片的軟木皮做高溫、高壓處理，取其本身的碎屑當燃料，利用其細胞壁，緩衝熱傳導，達到隔熱降溫的目的，取代玻璃纖維棉、以天然環保無化學物質的概念，夾於表牆與內牆中間。

資料及圖片提供｜瑞銘健康安全住家資材設備

賓士級木地板，對你對環境友善

辰邦以深遠眼光選擇代理德國MEISTER麥仕特爾木地板，創立於1930年的MEISTER公司，除擁有200多項設計專利，更榮獲具全球公信力的藍天使、國際FSC森林再造、歐洲CE安全建材、德國TUL國家品質安全認證、德國最高品質CELQ學院品質檢驗各項認證，而2009年還獲德國紅點設計大獎殊榮，讓頂級建材的光環更加耀眼，被公認為世界信賴建材的第一品牌。

資料及圖片提供｜辰邦工程有限公司

塗裝木地板，遠離毒害零污染

使用特製之KD頂級塗料，通過健康綠建材標章認証，全面採用F1最高等級（等同於歐盟Super E0）低甲醛夾板。滲透型水性塗料，密著性特佳，具有防水防潮作用，堅固耐用。表面硬度達到台灣CNS標準6H，耐刮、耐磨，不易受損，且具抗酸鹼性。

資料及圖片提供｜科定企業

環保再生優美木，穩定耐用

以回收聚乙烯（PE）再加入木作所產生之廢料（木纖維），均勻混合並經由擠型（Extrude）處理，製成外觀、手感及施作方式都跟天然木材相近的材料—優美木，可鋸、可切、可鑽，如同木材的施工方式。在硬度、形變、耐候及抗菌、耐腐蝕性的表現上優於天然木材。難燃、抗UV、防滑，最符合台灣熱帶潮濕環境對於建材的嚴苛要求。

資料及圖片提供｜承鋒

住宅知識王

生態綠建材，一起為環境加把勁

地板材在綠建材中的評定標準有兩個不同的項目，一種是以天然材料為主的「生態綠建材」；另一種是以健康為主的「低逸散健康綠建材」。

1 生態綠建材係指「採用生生不息、無匱乏危機之天然材料，具易於天然分解、符合地方產業生態特性，且以低加工、低耗能等低人工處理方式製成之建材，稱為生態綠建材。」

2 低逸散健康綠建材係指「該建材之特性為低逸散量、低毒性、低危害健康風險之建築材料。」環保木地板多屬於低逸散健康綠建材這類別。

生態綠建材評定項目

木製建材	結構材	結構用集成材、結構用合板、針葉樹結構用製材、框組壁工法結構用製材、框組壁工法結構用縱接材、結構用單板層積材、結構用木質板等。
	壁板材	硬質纖維板、中密度纖維板、輕質纖維板、化粧貼面裝修用集成材、裝修用集成材等。
	地板材	板條地板、複合木質地板等。
	門窗材及其他	木製門窗材。
天然植物建材		竹、麻纖維、草類纖維、籐及其他天然植物製建材。
天然隔熱建材		礦纖隔熱材、木質纖維隔熱材、廢紙隔熱材、動物毛髮隔熱材及其他天然隔熱材。
非化學合成管線材		陶製雨水管、金屬類水管及其他。
非化學合成衛浴		木製浴缸、塘磁浴缸、木製馬桶蓋及其他。
木材染色劑		天然植物染料、天然礦石染料及其他天然木材染色劑。
外殼粉刷材		瓊麻石灰粉刷、貝殼類及其他天然外殼粉刷材。
塗料		亞麻仁油漆、蜂蠟漆、牛奶漆、水性環保漆及其他天然塗料。
窗簾		麻、棉、絲、竹、籐及其他等天然纖維製窗簾。
壁紙		木質、麻、棉、絲及其他等天然纖維製壁紙。
填縫劑		天然橡膠、天然矽土纖維及其他等天然材製填縫劑。
其他天然建材		以天然材料製成之建材並經審查委員會評定核可者。

低逸散健康綠建材評定項目

地板類	木質地板、地毯、架高地板、塑膠木材等。
牆壁類	合板、纖維板、石膏板、壁紙、防音材、粒片板、木絲水泥板、木粒片水泥板、纖維水泥板、矽酸鈣板等。
天花板	合板、石膏板、礦纖天花板、玻纖天花板等。
填縫劑與油灰類	矽利康、環氧樹脂、防水塗膜材料等。
塗料類	油漆等各式水性、油性粉刷塗料。
接著（合）劑	油氈、合成纖維、磚黏著劑、白膠（聚醋酸乙烯樹脂）等。
門窗類	木製門窗（單一均質材料）。

塗料類

【淨味＋抗菌】樂活塗料 幫家添上好氣色

說到室內有毒氣體，最先聯想到的就是甲醛，但其實佔室內最大面積的牆面塗料也是幫兇之一！然而，塗料卻又是種幫家裡改頭換面、輕裝修的最經濟建材。近年來環保塗料不但可達到完全無毒害的高標準，經由天然礦物提煉的無機塗料擁有無VOC、不燃燒、顯色佳等優點，是健康居家最值得投資的綠建材首選。

持續淨化，住起來好安心

採用先進的「IPS＋技術」（新型乳液聚合體合成工藝）的立邦「淨味全效 分解甲醛新配方」乳膠漆，大幅降低產品中的殘存氣味，還多了分解甲醛的功能，能夠持續24小時不間斷地吸附、分解空氣中的游離甲醛，將對人體有害的甲醛分解轉換成為水分子，全面淨化居家空氣。

資料及圖片提供｜立邦塗料

環保天然，讓家好健康

以矽酸鉀溶液（俗稱水玻璃）與無機色料製出的KEIM德國凱恩天然礦物塗料，能滲入建築表面，與基材融為一體，經久、耐用、不剝落、不褪色。使用水玻璃作為結合劑，不須另添有機溶劑、可塑劑及防腐劑。綜觀產品生命週期，從原料萃取、生產、使用、到最終拋棄，具備維護生態的優良特性。

資料及圖片提供｜交泰興

吸附異味，讓家好清靜

依據台灣屋主的需求，提供具有不同功能的塗料，如：漆面光滑細緻、色澤持久、防霉、耐擦洗、抗裂、抗紫外線、耐候及耐鹼等眾多不同類型的塗料，例如：Dulux得利乳膠漆健康居，是水性且沒有化學味的頂級環保室內漆，擁有獨家250奈米白竹炭吸附異味，不只味道清淨，還有全效合一功能。

資料及圖片提供｜台灣阿克蘇諾貝爾塗料

綠建材認證，用起來好放心

由耐水、耐鹼性非常優異之水性樹脂組成及特殊顏料為主要成份，適用於水泥建築物之內外壁防護、裝飾用漆。榮獲綠建材標章，通過日本防霉JIS Z 2911認證，無添加甲醛、鉛及汞、重金屬等塗料，具有防霉、保色性優良，耐水、耐鹼、耐刷洗等多重優點。

資料及圖片提供｜ Rainbow 虹牌油漆

環保珪藻土，清淨乾爽深呼吸

由單細胞生物石化而成的珪藻土，利用本身結構的隙縫，可吸收空氣中的濕氣、分解甲醛及臭味、在濕度較低的時候會濕放濕氣，維持室內空氣在最舒服的濕度，耐火性更較其他化學製品完美。

資料及圖片提供｜王泉記總合建材

乾爽壁面，摸摸親親也不怕

取自火山噴出物SHIRASU所製成的白洲土天然塗料，不僅具有除臭、淨化空氣、釋放負離子等功效，其調節濕度的機能，更可防止水氣、抑制塵蟎及黴菌的孳生。沒有使用年限的問題，輕鬆擁有健康的居家。

資料及圖片提供｜綠康元

抗菌塗料，攀上溜下不擔憂

日曬雨淋的戶外家具，裂開的木材與日曬的斑駁，不知隱藏多少細菌？使用水性、環保的木易漆，不僅可在表面形成高耐磨的保護膜，又可防止裂開及日曬褪色，而高防水及透氣的塗料更可防止黴菌，讓孩子在戶外玩耍也放心。

資料及圖片提供｜杉澤國際

低甲醛環保塗料，少了刺鼻味多了健康

塗料被認為是室內空氣污染源之一，主要在於成分內需添加大量助劑來降低黏度，方便刷塗或噴塗作業，大部分添加助劑的塗料會揮發在空氣中，破懷室內空氣品質，這些污染源與人體接觸造成危害，時間久了就可能產生各種病變。

雖然在「生態綠建材評定項目」中有以亞麻仁油漆、蜂蠟漆、牛奶漆、水性環保漆及其他天然塗料等塗料類，然而相當可惜的是，目前還沒有通過的商品。但在「低逸散健康綠建材」中評定項目的「塗料類」則有相當多的水性、油性粉刷塗料均已通過檢查。

板材類

為家構築好基因【認證＋低逸散】健康板材

在家常常偏頭痛？動不動鼻子癢一直揉？小心！這很可能是甲醛及蟑螂引起的反應。室內空間可能充滿來自化學物質或細菌、蟑螂的毒素，裝修時選對健康板材，可以幫您有效擊退隱形健康殺手，以天然的力量加倍呵護全家健康。

EO健康綠建材，從搖籃到搖籃

滿足日本JISA5908及CNS2215國家標準之黃金鹿EO防潮健康板，擁有良好的防潮性、無刺鼻味，致癌甲醛的釋放量滿足國家標準F1最高等級，並通過歐盟生態環保認證。適合海島型氣候的健康塑合板，還可回收再利用。

資料及圖片提供｜龍疆國際企業

環保板材，綠色生活代名詞

採用來自德國環保森林的綠建材、使用歐洲最好、世界第一的板類、五金與配件，設計生產與國際同步流行的歐德系統櫥櫃。更以特殊的3D彩圖服務、完工驗收後才付尾款、五年的保固期等多項創舉，給予裝修新選擇。

資料及圖片提供｜歐德系統傢俱

系統傢俱，健康永續

採用全球第一大廠EGGER，德國原裝進口，針對亞洲海島型氣候開發的F4星板，日本工業標準調查會組織(JIS)審議及制定的最高標準，也是目前國際上最高的板材標準。台灣工廠直營，六年品質保固，堅持最好品質，最實惠的價格，與您攜手開啟夢想家。

資料及圖片提供｜安德康系統櫥櫃

智能淨化，健康升級細菌出局

奈米SKG抗菌粒子是一種可殺菌、抑菌的新型奈米矽化物，在製程中融入廚具建材中而非表面塗層，提供長達十年防潮、防霉及除臭效果，且經過重金屬檢測，不含甲醛對人體無害。

資料及圖片提供｜智慧廚房 日尹新實業

住宅知識王

低逸散健康綠建材，為居家健康把關

由內政部核發的綠建材標章，板材是屬於低逸散健康綠建材中的「牆壁類」。而低逸散健康綠建材是指「該建材之特性為低逸散量、低毒性、低危害健康風險之建築材料」針對材料進行「人體危害程度」的評估，以「低甲醛」及「低總揮發性有機化合物」逸散速率為評估指標。

資料來源｜茂系亞網站 www.mosia.com.tw

低逸散健康綠建材標章分級制度

逸散分級	TVOC(BTEX)及甲醛逸散速率
E1逸散	TVOC及甲醛均≦0.005（mg/m²・hr）
E2逸散	0.005＜TVOC≦0.1（mg/m²・hr）或0.005＜甲醛≦0.02（mg/m²・hr）
E3逸散	0.1＜TVOC≦0.19（mg/m²・hr）且0.02＜甲醛≦0.08（mg/m²・hr）

業界常見低甲醛建材分級

CNS1349 甲醛釋放量(台灣)／(mg/L)		JIS A5908 甲醛釋放量(日本)／(mg/L)		BS EN120 甲醛含量(歐洲)／(mg/100g)	
F1	0.3以下	等級F★★★★	0.3 以下	Super E0	2以下
F2	0.5 以下	等級 F★★★	0.5 以下	E0	10以下
F3	1.5 以下	等級 F★★	1.5 以下	E1	20~30

檯面類

「食」在健康又耐用 【人造石+石英石】人造檯面

作為檯面的建材，無可避免地會接觸到食材、有色調味料、刀具用品等，人造石及石英石這些人造的石材以超美麗姿態、健康內涵，提供居家饗宴的自然舞台。具高可塑性、無毛細孔、無接縫，易清潔保養的特性，是廚房檯面、中島吧檯、浴室檯面用材的主流。

Dupont corian實體面材，獨特透光效果

美國杜邦可麗耐實體面材除了容易清潔，耐用、耐熱，不藏污漬，更備有百款顏色以供選擇，達美國國家衛生基金會NSF標準第51項，可直接在實體面材上處理食物；另通過國際性GREENGUARD標準，證明其揮發性有機化合物VOCs含量低，保障室內空氣健康。主推透光系列，擁有半透明特質，形成獨有的透光效果。

資料及圖片提供｜華海國際

Samsung Staron風暴石英石，「食」的健康

風暴石英石TEMPEST，由100%丙烯樹酯和氫氧化鋁所組成，無毛細孔可有效隔絕黴和細菌。擁有美國食品檢驗局的認證標章，且符合GREENGUARD的綠色安全室內空氣質素排放標準，並採用食品級樹酯，讓產品從製作過程至安裝過程都合乎「食」的健康要求。

資料及圖片提供｜翔俐建材

OTR SICISTONE矽鋼石，不怕油污不需保養

以92%天然石英礦石粉調和8%樹酯、其他礦物的成份比例，經攝氏1500℃以上高溫鎔解與高壓壓鑄而成，擁有絕佳的超耐刮抗性，以及抗侵性、不退色耐黃變，耐高溫及耐燃。日常保養不用打蠟，即可常保如新。

資料及圖片提供｜天恆國際

Formica Stone閃星石，超耐磨不怕刮

來自捷克的Formica閃星石，專利製程中1500℃的高溫，造就能通過防火最高等級的效能，真空及震動製程使結構幾乎無毛孔，高密度能抵抗各種化學藥品的侵蝕。硬度達7H以上超耐磨特性不怕刮，含有93%天然水晶礦、無重金屬，本體還具有抗菌性，是綠建材明日之星。

資料及圖片提供｜傑晶人造石

除甲醛類

遠離病住宅【噴霧＋塗抹】甲醛清除作戰

許多有氣喘、過敏性鼻炎、皮膚敏感者常在搬進新家之後，原先抑制住的病情突然失控，小心可能是建材及膠合劑中的甲醛在作祟！為了有效根治室內污染源，「檢測、處理、追蹤」成為除醛工程最關鍵的三步驟，再依場所進行治理工法，始收藥到病除之效。

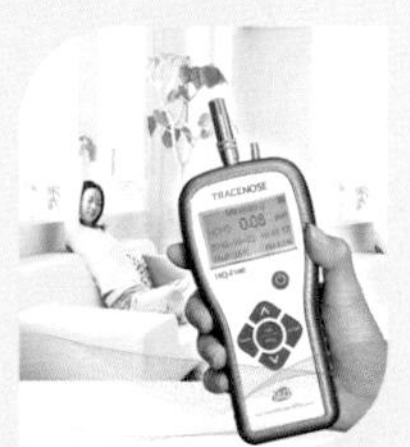

綠央鈦，無需UV光的除醛工程

綠央鈦藉觸媒作用分解甲醛、VOC、氨化物、硫化物等物質，可消除屋內不佳氣味。以奈米級的「鈦」為主要成份調製成噴塗劑，將之均勻噴塗在物體表層，待乾燥後即可產生作用。尤其無需UV光即可進行觸媒催化反應，為半永久型的全能除醛、抑菌產品。

資料及圖片提供｜隆豐興業有限公司

甲醛捕捉劑，再細縫都滲進去

與工研院合作並由政府補助開發技術的甲醛捕捉劑，上漆前後都可使用，細小分子可鑽進木作物的毛細孔，內含天然竹醋液可防蟲、除臭，經由噴塗方式能迅速有效分解室內逸散的甲醛毒氣，操作簡易方便，適合作為居家定期保養使用。

資料及圖片提供｜茂系亞

甲殼素塗料，雙效完成

以短時間吸附分解有毒氣體的角度研發室內超淨膜甲殼素保健塗料，可在裝修材料散發的「甲醛」、吸煙散發的「乙醛」、廁所散發的「氨氣」和食物變質散發的「硫化氫」等有毒物質產生的瞬間去除71.5%，經由塗佈得到高效的室內淨化效果。

資料及圖片提供｜自由環保

無甲醛膠膜，造型任意貼

傳統木皮貼覆一定要平整，無法作造型變化，現在有一種新材料—特耐軟片，它能根據想要的形體進行裁切和貼覆，可塑性相當高，仿木紋更有如真實木材紋理般自然，而且無甲醛汙染，現場貼作也不用擔心有粉塵。

圖片提供｜城市室內裝修設計

資料提供｜美商3M台灣子公司

住宅知識王

居家健檢，揪出看不見卻聞得到的敵人

如果你以為只要多開窗通風、用鳳梨皮消臭即可解決新房子的味道，其實不然。美國環保署研究發現，室內空氣較室外髒了2~5倍，更不論二氧化碳、甲醛、甲苯等揮發性有機化合物（VOCs）等對人體有害的有毒氣體，想要完全分解也得花上3~12年的時間，與時間賽跑不如直接選用低甲醛甚至零甲醛的綠建材。若是無法避免，也可採用除甲醛噴霧或塗料，為健康做更好的防護。而甲醛遇熱及潮濕濃度越高，夏天除醛效果較其它季節為佳。

空氣清淨

脫離過敏症候群【HEPA＋活性碳】空氣清淨機

病毒、細菌、花粉、孢子、煙粒子、黴菌、塵蟎、灰塵、過敏原、廚房油煙、寵物氣味毛屑，這些有害懸浮微粒會進入身體的血液、肺臟及粘膜系統，造成氣喘、過敏、慢性肺部阻塞等問題，聰明運用空氣清淨機，遠離過敏問題。

專業級空氣清淨機，淨化住家

美國BEAM專業級HEPA＋賦活碳空氣清淨機，能過濾室內空氣中懸浮微粒0.3 micron以上的任何細菌、病毒、VOCs有毒氣體達99.97%以上。內置圓柱型賦活碳吸著分解裝置，吸附面積達200～1000萬平方米，是解決甲醛汙染問題之寶。

資料及圖片提供｜瑞銘安全健康住家資材設備

聲光俱佳的光感潔淨

擁有七彩的色彩變化，耳朵可聆聽由腦波專家研發編寫的音樂，再擁有五重淨化處理程序，透過各類精密網狀與高效率微粒空氣濾心，搭配等離子功能抑制微生物活動力，濾淨空氣黴菌與塵蟎，提供最潔淨清新的空氣。

資料及圖片提供｜OSIM

清淨好幫手，零廢氣健康生活

低噪音的空氣清淨機，不只擁有八段定時與預約功能。其負離子、高壓集塵網、HEPA、活性碳、UV+TiO2光觸媒濾網，及搭配使用的蜂巢式活性碳除甲醛濾網，全面有效淨化居家空氣，更有濾網更換指示燈可貼心提醒更換濾網。

資料及圖片提供｜尚朋堂

全熱交換器時時享受新鮮空氣

由達冠科技代理的樂奇全熱交換器特別選用HYPER環保節能核心，提高熱交換率，有效排出室內髒空氣、有毒揮發性物質，導入新鮮空氣。同時，它的能源回收技術和同步進、排氣通風技術，在提升室內空氣品質之外又能降低因為進室外空氣造成額外的空調負荷。

資料及圖片提供｜達冠科技股份有限公司

隔熱建材類

【貼覆＋塗抹】隔熱建材 避免UV侵襲維持感光

為了室內採光與視野舒適，以玻璃作為隔間是個常見的點子，但玻璃也可能是造成悶熱的幫手。不妨選擇高透光隔熱膜來解決問題，不但能維持室內感光，可阻隔熱能穿透的先進技術還能降低室內溫度，節省冷氣耗電，實現低碳節能的綠色夢想。

節能玻璃貼膜，頂樓加蓋不熱

有效阻擋太陽熱能並維持採光，並可阻隔99%的紫外線，讓冷氣和室內照明可負荷降，採200多層光學膜技術，材質不會氧化，耐候性極佳之壓克力黏膠可耐10年以上，適合使用於以玻璃為主要材料的建物上、或是天井的玻璃。

圖片及資料提供｜美商3M台灣子公司

隔熱貼紙，西曬高溫不擔心

讓人感受到陽光，但感受不到熱，可達到降低太陽能輻射、低內反光、安全防爆以及隱私遮蔽的效果。阻隔降低紅外線、紫外線，即能提高冷氣冷房效率，降低冷氣機及壓縮機的負荷，提高機械的使用年限。

圖片及資料提供｜台灣維固

採光玻璃磚，保溫也隔音

為了提升室內採光為前提而製造的建材，利用內部構造，達到有效的降溫、保溫和隔音，同時提供最大限度的意外防禦和安全保障，也可避免鄰棟過近而引起的視覺尷尬等。

圖片及資料提供｜櫻王國際

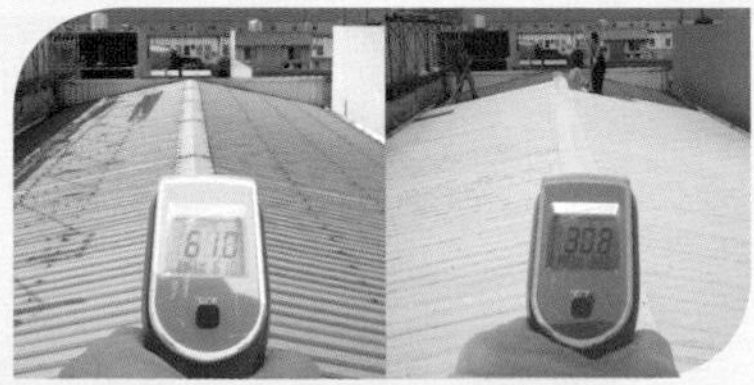

冰冰漆有效降溫，夏天的救星

隔熱塗料內的奈米材、中空材能防止水分子攀附進入，可阻絕熱能傳導，反射率高達90%，很適合刷覆於頂樓地面、鐵皮屋頂、或西曬房子內外側。經證明能有效降低室內溫度7～10℃，而且能防止污穢滲漏，並通過標準局無毒、無重金屬檢驗，是十分安全的居家塗料。

圖片及資料提供｜崴令國際

住宅知識王

阻隔紫外線，才是真隔熱

人體感知到的熱，來自於太陽熱輻射，而熱輻射包含紫外線、可見光及紅外線，其中高波長（0.8UM~1000UM）的紅外線僅佔部份熱輻射，僅用紅外線來標榜隔熱率並不足以代表隔熱效果，能阻隔紫外線（UVA）進入到真皮層，才是真隔熱。真正隔熱透光的隔熱膜，可擋住高達99.9%的紫外線進入室內，於同樣空調環境下可減低室溫3~6℃（冷氣設定上升1℃，節省6%冷氣耗電），省下18%～36%的冷氣耗電，同時還具有防止一般玻璃碎裂飛散的安全效果。

磁磚類

【再生＋擬自然】百變好搭磁磚 營造自然生活場景

美學在當今空間設計只是必要元素，但要進階完美的充分條件是「對你和對環境都健康」。從最源頭的環節開始做環保，使用產品回收再製、以高科技產品打造的磚材，取代對自然資源的無度需求，才能讓你和地球一起長命百歲！

回收再製，讓地球綠活又美麗

以對環境友善的思維為出發點，結合綠色科技應用於磁磚設計中，推出回收材料摻配比率高達67%的高環保磚，創造兼具美感且符合環保與永續性的綠建材商品。

圖片及資料提供｜冠軍磁磚

持久抗菌，讓寶寶爬爬好安心

義大利知名磁磚LEA，與全球知名抗菌科技公司Microban合作，研發出兼具美感及實用的抗菌磁磚－艾蓮娜石。運用銀離子的高氧化還原能力，破壞細菌體組織，達到持久抑菌的效果，當寶寶在地板上爬行、走走停停時，也能好安心。

圖片及資料提供｜LEA／安心居磁磚

淨化空氣，讓你沐浴深呼吸

利用高溫將被譽為空氣維他命的負離子能量原料燒入磁磚中，製造出富含負離子的「森呼吸健康磚」。不僅能源源不絕釋放負離子，更能分解VOC、淨化空氣，又能除濕抗菌，讓環境更健康美麗，居家生活更清新愉快。

圖片及資料提供｜白馬磁磚

數位印刷，栩栩如生的情境

黃山石瓷磚導入新世代數位噴墨印刷製程，呈現Full HD細膩質感，讓使用者能輕易看到、摸到、感受到科技磁磚所營造的空間情景。作品「原初台灣．未來之島」由270片磁磚組成，完工置放在台南市國立台灣歷史博物館廣場。也將此先進技術運用在：文化石、龍岩、經典原木等系列。

圖片及資料提供｜昌達陶瓷

國外最夯的天然清潔法DIY就是這麼簡單

打造無毒健康居家先從換「清潔劑」開始吧！

郭姿均
健康達人、美國專業認證之香藥草專家
曾任聯合報醫藥記者
現任迷迭香花園執行長
著有「50元打造香草生活天然無毒清理術」一書（天下雜誌出版）

你知道最容易造成人體過敏來源，
除了化妝品中的香精、防腐劑之外，
就是居家每天使用的清潔劑嗎？
全家人每天都要用的洗碗精、洗衣粉、
地板清潔劑、家具保養油等等，
都可能含有危害健康的化學成份，
打造健康居家不只裝修時要選對建材，
每天積極落實無毒生活，
自己動作做天然成份的清潔劑，
才是保護全家人健康的不二法門！

資料提供｜郭姿均、天下雜誌股份有限公司

跟可怕的化學壞蛋說BYE BYE

“妳明明很認真做家事，卻可能越做越糟！”

試想一位家庭主婦的一天生活，她可能用了含有環境荷爾蒙的界面活性劑、香精、防腐劑的洗碗精來洗碗，接著使用含螢光增白劑的洗衣粉洗衣服、有阿摩尼亞的地板清潔劑來拖地，會傷害肝臟、造血系統的多功能清潔劑，最後再用含香精、塑化劑、防腐劑、推進劑等會刺激呼吸道及可能造成氣喘的空氣芳香劑來劃下句點。過去的醫學報告證實，長期在廚房吸油煙味的媽媽們比抽煙的爸爸更容易罹患肺癌，現在潛伏在居家空間中的有害物質，除了油煙，更是時時刻刻都在使用的清潔劑。香藥草專家郭姿均表示，她曾經有好幾次過年大掃除清潔廚房時，被這些嗆鼻的清潔劑造成呼吸困難、頭暈，差點昏倒掛急診，令她開始思考與尋求安全可靠的清潔方式。

需靜待自然溶解的清潔法？越等越危害健康！

現代人注重養生飲食、吃排毒餐，遠離塑化劑食物、毒粉圓、香精麵包，但往往忽略了家中必備的清潔劑也是潛藏毒害，用了不良的清潔方式，更危害全家人的健康，結合醫藥知識與香藥草專長，香藥草專家郭姿均表示，早在1989年美國環保署就發出警訊：室內空間中的有毒化學物高於戶外！很多人習慣使用噴上之後靜待溶解的清潔劑，尤其一些除鏽、除霉或通水管的產品，這類產品揮發性特別強，使用時非得要口罩、手套全副武裝才行，經年累月的使用，難保不會造成氣喘、致癌等後果，特別值得愛打掃的媽媽們注意。

住宅知識王

家中最毒的壞蛋有哪些？

下列這些清潔用品最好選擇更安全的替代品，郭姿均將會示範自然簡易的替代方法：

1. **空氣芳香劑**
   含香精、塑化劑與防腐劑，容易誘發過敏與氣喘。
2. **抗病菌消毒劑**
   經常使用會造成抗藥性病菌，將來萬一感染，影響用藥效果反應。
3. **衣物柔軟精**
   容易導致家人過敏、氣喘和刺激肺部。
4. **水管清潔劑**
   水管內揮發的氣體容易灼傷眼睛與皮膚。
5. **烤箱清潔劑**
   具有嚴重的刺激性，會傷手而且是致癌物。

認識環境荷爾蒙

「環境荷爾蒙」又稱為內分泌干擾素，來源在於現代人使用過多的化學與塑料製品，多存在於農藥、清潔劑、殺蟲劑之中，或是常用塑膠餐具、塑膠袋盛熱湯等等，透過人體的吸收之後，變成了影響人體荷爾蒙變化的關鍵，嚴重會易導致乳癌、子宮內膜症、攝護線癌、精子數減少等生殖功能障礙。

「超市買得到＋廚房現有」的材料就搞定！

100%純天然

輕輕鬆鬆製作好用又便宜的天然清潔劑

許多人對於DIY清潔劑這件事總有莫名的恐懼，過程很複雜？買不到材料？我沒有時間？許多的理由都足以讓人打退堂鼓，但香藥草專家郭姿均表示，其實很多的材料在超市或你家廚房裡就有，只是大多數人不知道可以這樣用！加上她專業的香草知識，更為清潔用品提升好效果，曾經她的先生王威勝醫師有一次無意中用了廚房的洗碗精，覺得很好沖洗、不黏手、洗淨力強還有果香味，吃驚的問太太：「以前怎麼不買這一家的洗碗精？」，郭姿均很開心的回答：「那是我做的！」從此之後，王醫師也開始受到太太影響，現在也都只用天然的清潔用品了。

現在，郭姿均的粉絲中有三分之一是男性，因為愛惜家人健康，擔心家人罹癌及過敏，大男人捲起衣袖自製清潔劑者大有人在，還有企業家跟她回饋說：「自製天然的皮革保養油用於雙B汽車內也很好用！」。還有些扶輪社夫人做好清潔劑後給家裡的外傭打掃用，外傭還說：「太太做的比買的好用，維持光亮更久。」

什麼？橄欖油、白醋、檸檬汁、肉桂粉就可以調製清潔品！

在香藥草專家郭姿均的私房配方中，可以發現許多的材料都是居家隨手可得的，例如白醋，就能廣泛的應用在各方面的清潔上，她甚至直接向工研醋一次訂購20公斤，可直接宅配到家，相當方便。而可用在蛋糕、麵包上的小蘇打粉，也可以到Costco量販店一次購足大包裝，而橄欖油、檸檬汁、肉桂粉這些就更好取得了，以通水管來說，只要小蘇打粉加白醋就搞定；橄欖油加檸檬汁就會變成木製家具亮光清潔液，瞧！是不是相當簡單呢！

住宅知識王

居家常備的五款基本清潔精油

這裡所謂的精油是指天然提煉的精油，未經稀釋，而非混合了人工香精的純精油或浸泡油，而且儲存時務必使用玻璃瓶。

1. **柑橘類精油**
   殺菌、抗菌
2. **茶樹精油**
   抗菌、抗病毒
3. **薄荷精油**
   抗微生物、抗病毒
4. **薰衣草精油**
   殺蟲、抗微生物
5. **尤加利精油**
   抗病毒、抗霉菌

升級版

再滴入精油，就大大提升清潔效果與芬芳味！

若是希望清潔力效果更好，可以在基本版的配方中，適度運用香藥草的功效來達到抗菌及芳香，減少化學品對家人的傷害。例如小蘇打粉加肉桂粉混合之後，再滴入柑橘精油、肉桂精油，就會變成好用的萬用清潔粉，可以把浴室刷洗的很乾淨；過濾水加白醋再滴入薰衣草精油，就是每個人家中都需要的木地板清潔液；甚至白醋加上薰衣草精油就是薰衣草香味的衣物柔軟精，唯一特別要注意的是，精油是濃縮的植物萃取劑，適量使用即可，尤其孕婦更是不宜多用，要按照標準進行，才是安全配方。

廚房、浴室清潔篇

廚房用　多功能亮晶晶除菌清潔劑

材料：
1.白醋 250ml
2.過濾水 750ml
3.檸檬汁 60ml
4.檸檬精油 10滴
5.百里香精油 10滴
6.橄欖液態皂或液態皂基 15ml

方式：將材料混合、搖晃均勻後放入噴瓶中，每次使用前都要搖一搖，噴後再用乾抹布擦乾。

浴室用　萬用肉桂清潔粉

材料：
1.小蘇打粉 250g
2.肉桂粉 一大匙
3.柑橘精油 10滴
4.肉桂精油 5滴

方式：小蘇打粉與肉桂粉混合，逐滴滴入待結塊後再壓碎，放於密封罐內，用湯匙取出使用，可用來刷浴室、馬桶、排油煙機濾網等等。

廚房用　水管通通樂

材料：
1.小蘇打粉 15g
2.白醋 15ml
3.熱開水 500ml

方式：先打開窗戶、戴上口罩，先將小蘇打粉倒入水管，再將醋倒入，會發出兩者中和的滋滋聲和白泡沫，靜置15分鐘後再倒入90度左右的開水。

廚房用

濃縮果香洗碗精

材料：
1.橄欖液態皂或液態皂基 250ml
2.過濾水 750ml
3.檸檬精油 12滴
4.薰衣草精油 5滴
5.柑橘精油 4滴
6.甘油 5ml

方式：將橄欖液態皂用漏斗裝進1000ml的塑膠壓瓶中，再將精油分別滴入，充分混合均勻之後再使用。

洗衣用

自製洗衣精

材料：
1. 橄欖液態皂或液態皂基 600ml
2.白醋 60ml
3.甘油 15ml
4.水 180ml
5.任選精油 15滴

方式：將材料混合、搖晃均勻後倒入60ml於洗衣槽中，甘油有助於衣物蓬鬆。

住宅知識王

老鼠討厭薄荷、蟑螂怕小蘇打粉

1 老鼠討厭薄荷味，所以可以運用水(50ml)混合薄荷精油(15ml)沿著牠的糞便處噴灑，讓牠不再靠近；或是在垃圾桶底部均勻灑上混合薄荷精油(5ml)的小蘇打粉(250g)，可以降低老鼠來襲的機率。

2 每到晚上就現形於廚房的小蟑螂很討厭，此時可以利用1：1的小蘇打粉與糖混合，灑在廚房角落，牠們食用之後就會口渴而死，或是放幾片月桂葉，也會讓牠們不喜歡靠近。

DIY小提醒：

1.檸檬汁：含有新鮮檸檬汁成份的清潔劑，最好要用時再做，且一次用完，若真用不完也只能保存兩星期。
2.液態皂：國外有越來越多橄欖液態皂或液態皂基的品牌，但台灣目前無業者引進單純無味的橄欖油液態皂，可至各手工皂網站搜尋或城乙化工、美國布朗博士等網站購買，或是以椰子油起泡劑代替。

牆壁、地面與家具清潔篇

牆面用

壁癌剋星

材料：
1.水 1500ml
2.加熱白醋 500ml
3.檸檬汁 250ml
4.茶樹精油 5滴

方式：將白醋加溫至80~90度，在水桶中混合材料，將抹布浸入後擰乾，擦拭於水泥牆或磚牆上，可殺死霉菌，不需要再用清水擦過。

家具用

木製家具亮光清潔液

材料：
1.橄欖油 5ml
2.檸檬汁 125ml

方式：因為是用新鮮檸檬汁，最好要用時再做，而且一次用完，先用一條乾布沾液擦拭，再用另一條乾布擦乾。

家具用

皮椅、皮革保養液

材料：
1.白醋 15ml
2.橄欖油 30ml

方式：混合材料之後放入壓瓶中，使用時擠一點在皮質表面上，再用乾布擦拭即可。

地板用

木地板清潔液

材料：
1.過濾水 360ml
2.白醋 360ml
3.薰衣草精油 20滴

方式：將材料混合，在噴瓶內均勻搖晃後噴灑在地面，再用乾拖把或抹布擦過，才不會有過多水份滲入木地板。

地板用

地磚、石英磚清潔液

材料：
1.4公升水桶9分滿熱水
2.白醋 一杯(250ml)
3.茶樹精油 30滴

方式：將材料混合之後，再用拖把拖地，不需要再用清水拖過。

還想知道更多天然無毒居家清潔配方…

可以參考由郭姿均所著、天下雜誌出版「50元打造香草生活天然無毒清理術」一書。

住宅知識王

臭臭吸塵器變香香

吸塵器是最多人喜歡使用的清潔工具，但再高級的吸塵器使用一段時間之後，仍會開始有異味產生，解決的方法很簡單，只要準備2~3個棉球各滴上一兩滴精油，再放進集塵盒裡，就可以保持芳香，待棉球不再有香味之後再換新即可。

奈米滅菌技術＋電動智慧設計　採訪｜許軒鎧　圖片提供｜智慧廚房

智慧廚房，健康無菌的SMART好生活！

現代居家除講究風格與品味外，環保、健康與智慧設計更是缺一不可。智慧廚房以公司近五十年的經驗值搭配創新的科技設計概念，研發出環保滅菌的建材，並藉電動科技的智慧省力、省空間設計，讓家不僅更健康，而且更舒適、寬敞。

專業科技小教室

奈米SKG滅菌技術：具有10年以上防潮、防黴、滅菌及除臭功能，可殺死超過數十種指標性微生物細菌。針對黑黴菌及青黴菌屬等多種常見頑固黴菌提供檢驗合格報告。並委請SGS針對肺炎桿菌、金黃色葡萄球菌、大腸桿菌及綠膿桿菌四種常見細菌檢測，提供高達99%以上滅菌率檢驗報告。

1 廚房滅菌困擾

廚房提供美食，也提供了細菌孳生環境，惱人的是就算天天刷洗也難消滅細菌，難道衛生、環保又健康的廚房真是遙不可及嗎？

2 廚房收納困擾

房價高、廚房小，加上廚房開放設計的趨勢，讓櫥櫃收納的問題成為廚房設計的重頭戲，怎樣才能收得多又收的漂亮呢？

3 房間狹小困擾

孩子房間過小，放了單人床後便擺不下書桌，想學國外採用上下鋪設計，屋高又不足，如何讓孩子能住得寬敞又滿足生活機能呢？

智慧廚房將奈米SKG滅菌技術，融入檯面、廚櫃、門板及把手結構裡，全面無死角地啟動滅菌功能。

成立於1964年的日尹新實業，是台灣經驗最豐富的廚具設計與製造公司，為提供更人性與科技化的產品而成立智慧廚房，在佔地1500坪的廠房內，引進國際專業生產機器和五金零件，是少數擁有政府合格執照的廚具大廠，並有多項專利發明，2006年起，智慧廚房更打入美國廚具市場，成為目前唯一實際出口至美國的精品廚具公司。

藉由電動科技的輔助，讓櫥櫃可以向上下升降，以及前後排運用，使收納量變多、拿取變簡單。

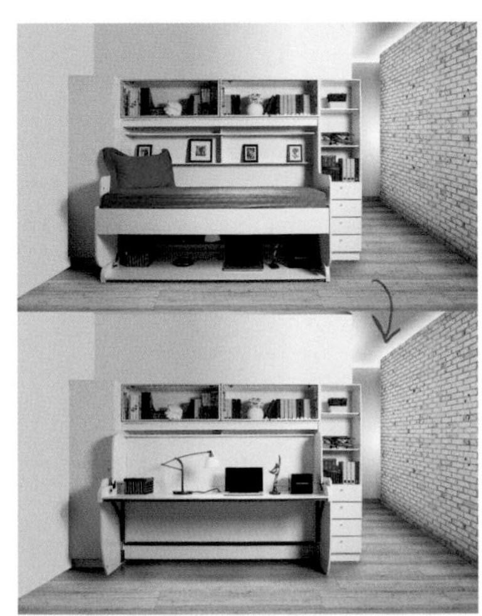

Magic變形桌床系統是小房間的救星，同時可滿足書桌與床鋪的需求，只要單手即可完成變換。

解決方案1 奈米滅菌技術全面打造智能淨化廚房

好的廚房設計要能照顧家人健康，智慧廚房領先全球獨家推出智能淨化系列，將奈米SKG滅菌技術，融入檯面、廚櫃、門板及把手結構裡，可以24小時無休、全面無死角地啟動滅菌功能，以奈米SKG滅菌技術取代傳統清潔、殺菌劑，不用擔心化學物質危害家人健康。同時滅菌板材在清理上更為輕鬆、優雅，可為忙碌的職業婦女節省寶貴時間。最棒的是，智慧廚房目前已推出的滅菌板材多達六種以上，涵括塑合板、石材、美耐板、UV鋼烤板、陶瓷烤漆板、鋼琴烤漆板及實木貼皮板等不同材質，讓消費者可以輕易挑選出最適合自己的風格設計。

解決方案2 聰明電動科技讓收納倍增！

收納設計已經是現代廚房規劃的重頭戲，智慧廚房以自有研發團隊獨創的電動門技術為基礎，打造出全新創意的電動升降吊櫃及推門收納櫃，讓廚房黃金地段原本有限的收納牆可以向上下延伸，或做前後雙層設計，而且只需一指觸動即可移換出想要的收納牆，創新的收納置物空間搭配簡單有省力的操作解決主婦們長期的收納困擾。

解決方案3 Magic變形桌床系統讓小房間變大了！

許多家庭在規劃新居時最常遇到的問題就是孩子的房間太小，在無法換大房子的情形下，智慧廚房設計研發中心運用奈米滅菌的板材結合創意設計，跨足家具界發展出「Magic變形桌床系統」，以單人床尺寸結合周邊客製化系統櫥櫃設計，讓小房間同時擁有近兩米長的書桌與床鋪完整複合功能，而且只要用單手操作就能隨需求瞬間翻轉成為床座或書桌，實現都會住宅小空間一坪當二坪用的夢想。

展示中心

台北仁愛分店：台北市仁愛路二段21號　電話02-2351-5067
台北涼州分店：台北市涼州街2-13號　電話02-2550-6691
台北優向設計：新北市中和區橋和路12號　電話02-2228-1862
台中展示分店：台中市五權西路二段709號　電話04-2382-5678
彰化展示分店：彰化市金馬路三段541號　電話 047-627-253
北美展示：17883B Colima Road,City of Industry,CA 91748,USA

SH | 客座主編 |

林玉如
愛菲爾系統傢俱裝潢設計

02-27214305
www.eiffel.tw

Q：**聽說板材容易有化學物質揮發？裝修時該如何選擇健康板材？**

A：一般傳統裝修大都使用夾板、木芯板或東南亞產製的粒片板，常用的黏著劑與溶劑，往往含有甲醛、苯之類的有毒化學物質，才會使得板材甲醛釋出量 > 30 mg/100g(或 > 5mg/L)，甲醛釋出量是 E0 健康板材的 10 到 20 倍以上，對人體危害非常大。毒性飄散時間最長會達十二年。

裝修時該如何選擇健康板材？

1. 了解您的設計師對要施作之材料認知是否夠業。
2. 要求設計師或廠商提供板材產地出廠證明，目前歐洲進口板材品質較穩定。
3. 要求所有用板材為低甲醛 (E0 或 E1 級) 並有環保綠建材標章。
4. 選擇有品牌信譽有保固的設計公司。

Q：**裝修的過程中，是不是都用系統櫃取代木作工程才是健康的？**

A：好的室內裝潢並非全部使用系統櫃，木作工程也是不可缺少的；如天花板、冷氣修樑、壁面等等，只是在選擇材料時要注意避免使用合板或夾板的材料，包括角材部分也要特別要求健康環保的材料。

有品牌的系統櫃所用的板材大多來自歐洲，是用再生林的木頭攪碎後高溫高壓而成的板材，因為經過高壓，所以強度比一般木板更強。經過歐盟認證的系統板材 (V313-E1 或 E0 級)，甲醛含量低甚至接近沒有 (小於 0.065ppm)，所以當系統櫃完工後不會有木作裝潢刺鼻的味道，對身體的傷害遠小於木作，系統板材包含健康、生態、再生與高性能等 4 種類項的審核，選用有綠建材標章的產品，對健康較有保障。

Q：**廚具是最容易接觸食材也是最容易污染食材的地方，要怎麼注意？**

A：台灣氣候屬於潮濕悶熱型，廚房蟑螂非常多，一般廚具使用一段時間後，會在板材表面產生黴菌，蟑螂也會潛伏在廚具四周陰暗角落，所以購買廚具一定要注意是否為防蟑與抗菌板材，也可特別選用抗菌強的石材當檯面 (如賽麗石、石英石等)。

SH | 客座主編 |

王瑞基
星空夜語藝術有限公司

台北市重慶北路一段 22 號 11 樓之 1
0991-290-290　www.starlucky.com

Q：**聽說漆料容易有化學物質揮發？該如何選擇健康的漆料？**

A：在裝修過程中，油漆施工占室內的面積近 50% 以上。在施作的漆料就極為重要，大致可分為油漆類與水性乳膠漆這兩大類。

油漆類：油漆因為使用揮發性的溶劑例如甲苯、香蕉水、松香水塗料、含有許多化學物質，會對人體呼吸道造成嚴重傷害。被醫界視為致癌物質。

水性乳膠漆：沒有什麼味道，安全性較高、乾的速度也較快。適合室內牆面粉刷，水性乳膠漆的好處是漆乾後，表面會呈石膏狀，一般的污垢，或灰塵沾上去時，用濕布擦拭就能夠去除，有些廠牌含有抗菌、防黴、的效果，星空漆也是水性乳膠漆一種。

SH | 客座主編 |

徐慶豐
法柏設計

新北市中和區圓通路 33 號 9 樓
02-22477449　www.myhome168.com.tw

Q：**該如何挑選壁紙搭配？**

A：先抓出整體空間的主色，選擇同色系可搭配出空間完整性，若想要較富視覺感，則用對比色展現。掌握圖案快速營造風格，例如鄉村風以小碎花為經典，現代風選擇線條為佳。

Q：**哪種木地板比較好？**

A：符合需求是最好的選擇。實木地板最天然，環境較潮濕適合複合式海島型地板；希望施工簡單又方便租屋，可選超耐磨地板；以預算考量，銘木地板和海島型木地板是中庸選擇。

Q：**拆除工程時舊水泥要剔除到什麼程度？**

A：一定要剔到見磚。因為舊水泥層可能已老化、不紮實，將造成日後膨起，若不剔除乾淨，會因為貼新磚而加厚了水泥底，壓縮內部空間，影響寬敞感。

SH | 客座主編 |

王俊宏

王俊宏室內裝修設計

王俊宏室內裝修設計
台北市信義路二段 247 號 9 樓
02-23916888 www.wch-interior.tw

森境建築工程諮詢有限公司
上海辦公室：上海市黃埔區延安中路 551 號
+86 02152410118 s.design1688@gmail.com

Q：雙色漆的運用，形成空間哪些變化？

A：以乳膠漆為主，藉由二層不同質感的相同顏色，讓空間變得活潑而有趣，例如：利用灰色、粗糙與光滑的質感，規劃出底漆與面漆的不同，不僅施工OK，也可以帶給立面豐富而多元的表情。

Q：香氛的有效設計，帶給空間影響？

A：台灣地區的屋主針對軟裝部分的概念，是薄弱的，而且多半有自己的想法，未給設計師統合處理，軟件規劃當中，最明顯的是香氛的設計，它不僅僅式取代不好的空氣，更是氛圍情境的營造，然而這個部分，是當今台灣設計所欠缺的。

Q：如何提升空間設計品味？

A：國內有許多不知名的素人藝術家，創作與藝術的表現，十分細膩而獨特，應該被積極發覺。透過藝術品、畫作、或雕塑品的安排，不僅可以藉由原創力提升生活品味、建立空間風格，更能活絡互動情感，替設計加分。

Q：建商所規劃的建案格局，都適合每一個人嗎？

A：不是每一個人都適用於建商所規劃的格局，如果再經由二次施工，所浪費的建材是相當可觀的。台灣目前的室內空間都被建商主導，透過實品屋的設計，強迫屋主吸收生活品味與風格，材料部分都未經嚴選、審核，形成所謂的玻璃屋、毒氣室，樣品屋更是縮減收納櫃體的設計，讓空間感變大，完全與實際生活背道而馳。這也就是為什麼設計師考量屋主需求之後，多半都會將室內格局，拆個精光的原因所在，所以為了節省裝修成本及及環保問題考量，不僅選地段、預算，選房也是相當重要的。

SH | 客座主編 |

葉明原

義德設計

義德設計（一店）
台中市北屯區文心路三段 1029 號（近大雅路口）
04-22991188

義德設計（二店）
台中市南屯區文心路一段 392 號（近公益路口）
04-23270770 www.yd-design.tw/contact.php

Q：開放格局可突顯大器度，但能否兼顧隱私性呢？

A：可依空間的功能需求先界定出區域，再利用活動型的機動門片來設計出隱形式隔間，在平日可將活動型的門片收起來保持空間開闊性，但若有隱私性需求時則可拉上隔間牆，同時也可使每個空間的冷房效果更好，達到環保節能目的。

Q：希望家中能有一處像夜店般可舒壓的空間，有可能嗎？

A：在房價高漲的台灣，居家空間利用相當吃緊，多半無法另外獨立設計出紓壓空間，此時不妨在設計時先選擇溫暖自然的空間配色，而沙發家具則以大尺寸為宜，如床一般的沙發可讓乘坐更舒服，最後可搭配 LED 彩光設計，在晚上變換燈光後就可轉身為夜店的迷幻氛圍。

Q：喜歡五星級飯店的典雅與舒適感，我家也可以這樣做嗎？

A：五星級飯店的硬體設計通常都很素雅，重點在於軟體的設計選擇，家具的質感以及床墊的品質是最重要的，可以讓居住者直接感受住宅的舒適度。

客 座 主 編 群

設計公司索引

玉馬門創意設計	02-27458810
尤噠唯建築師事務所	02-27620125
禾築國際設計	02-27316671
風中之星手工房	03-4984744
雲和設計工程	04-23161483
百速設計	03-9109879
Partidesign	0988078972
界陽設計&大司設計	02-29423024
大湖森林室內設計	02-26332700
築居空間美學館	www.zhuju.me
法柏設計	02-22477449
城市室內裝修設計	02-87122262
大雄設計	02-85020155
近境制作	02-27031222
相即設計	02-27251701
權釋國際設計	02-27065589
覲得空間設計	02-25463939
德力設計	02-23626200
明代設計	02-25788730
青埕空間設計整合	03-2813777
本直設計	02-27170005
上繹室內裝修	02-23942020
達利設計	02-26309978
丁薇芬設計工作室	0960728560
義德設計	04-22991188
義德設計(二店)	04-23270770
丰彤設計	02-28962689
集集設計	02-87800968
其可設計	02-27715066
王俊宏室內設計	02-23916888
尚藝室內設計	02-25677757
地所設計	02-27039955
建構線設計	02-27485666
春雨時尚空間設計	02-23926080
十分之一設計	02-87328383
富億設計	02-27099338
幾米設計	02-27276638
佶舍室內設計	02-27072015
將作空間設計	02-25116976
郭璇如設計	02-28311322

廠商索引

秋-家電

恆隆行	02-87510599
Luxury life	02-27000003
OSIM	0800-099-060
Panasonic	0800-098-800
來思比科技	0800-000-104
伊萊克斯	0800-888-259

秋-寢具

僑蒂絲	02-87916668
日比	02-26513689
凡達床業	03-3298352
MUJI	02-27628151
東妮寢具	0809-081-790
光隆實業	02-27092550

春-家具

西法名品家飾	02-27732121
晴山美學館	02-27199100

春-浴室

麗舍生活國際	02-25467575
楠弘廚衛	07-3382000

阜都興業	02-27298398
優貝斯衛浴	02-25118752
三緯企業	02-27669116
築禮國際	02-25171577

冬-木地板與地磚

科定企業	02-29003039
台灣唯康軟木建材	03-4206686
羅特麗	0800-006-252

冬-地毯

宸欣國際	02-26017212
群群地毯	02-25010466
赫奇實業	04-24227688
LOFT29	02-33938936
美閣	04-25678689

建材-木地板

立德綠建材	02-25053841
伊諾華地板	02-22554777
誌懋	05-5515757
瑞銘健康安全住家資材設備	02-87928278
辰邦工程	02-86669898
科定企業	02-29003039
丞鋒	02-25853884

建材-塗料

立邦塗料	02-22191088
交泰興	02-23946060
德利塗料	03-2720605
虹牌油漆	07-8713181
王泉記總合建材	03-3075585
綠康元	02-27547111
杉澤國際	04-25677397

建材-隔熱建材

3M	02-27049011
台灣維固	02-29953365
櫻王國際	04-8951387
崴令應材	02-26950889

建材-磁磚

冠軍磁磚	037-561761
安心居	02-27766030
白馬磁磚	03-4903111
昌達陶瓷	03-4207850

建材-板材

龍疆國際企業	02-26010601
歐德系統傢俱	02-26006008
安德康系統櫥櫃	0988224412
智慧廚房 日尹新實業	02-23515067

建材-人造檯面

華海國際	02-28362750
翔俐建材	02-26021782
天恆國際	02-26021738
傑晶人造石	02-22963736

建材-除甲醛

隆豐興業有限公司	0985060724
茂系亞	02-87878767
自由環保	03-3388789
3M	02-27049011

建材-空氣清淨機

瑞銘健康安全住家資材設備	02-87928278
OSIM	0800-099-060
尚朋堂	02-22828239
達冠科技	02-25672216

國家圖書館出版品預行編目資料

安心裝修 健康宅
/ SH 美化家庭編輯部採訪編輯
初版一臺北市：風和文創, 2013.10
面；公分
（SH美化家庭設計一本通系列）
ISBN 978-986-89458-5-2 (平裝)

1.家庭佈置 2.室內設計 3.空間設計
422.5 102019739

SH美化家庭 設計一本通系列

安心裝修 健康宅

除了風格、收納，你更應該在意「健康」

授權出版	凌速姊妹（集團）有限公司	業務協理	陳月如
封面暨內文設計	森核文創一陳瑩芷	行銷主任	鄭澤琪
插畫	Coldblue、陳彥伶	出版公司	風和文創事業有限公司
採訪編輯	SH 美化家庭編輯部	網址	www.sweethometw.com
總經理	李亦榛	公司地址	台北市中山區松江路2 號13F-8
總編輯	黃貞菱	電話	02- 25361118
編輯協力	溫智儀 / 鄭雅分 / 曾伊茵	傳真	02- 25361115
	詹蕙真 / 孔婕瑀	EMAIL	sh240@sweethometw.com

台灣版SH 美化家庭出版授權方

IESG
凌速姊妹 (集團) 有限公司
In Express-Sisters Group Limited

公司地址	香港九龍荔枝角長沙灣道 883 號 億利工業中心 3 樓 12-15 室
董事總經理	梁中本
EMAIL	cp.leung@iesg.com.hk
網址	www.iesg.com.hk

總經銷	知遠文化事業有限公司	製版印刷	彩峰造藝印像股份有限公司
地址	新北市深坑區北深路三段155巷25號5樓	電話	02-82275017
電話	02-26648800	印刷	勁詠印刷股份有限公司
傳真	02-26648801	電話	02-22442255

定價 新台幣360 元
出版日期 2013 年 10 月初版一刷

……SH懂你也讓你讀得懂……

……SH懂你也讓你讀得懂……